Anastasia Shchurenko

Construir um ecossistema e uma infraestrutura para a confeitaria inteligente Livro 2

Anastasia Shchurenko

Construir um ecossistema e uma infraestrutura para a confeitaria inteligente Livro 2

Transformação inovadora do ecossistema e da infraestrutura de uma instalação inteligente para a produção de produtos compósitos

ScienciaScripts

Cover image: www.ingimage.com

This book is a translation from the original published under ISBN 978-620-7-47295-6.

Publisher:
Sciencia Scripts
is a trademark of
Dodo Books Indian Ocean Ltd. and OmniScriptum S.R.L publishing group

120 High Road, East Finchley, London, N2 9ED, United Kingdom
Str. Armeneasca 28/1, office 1, Chisinau MD-2012, Republic of Moldova, Europe
Printed at: see last page
ISBN: 978-620-8-25663-0

Anastasia Shchurenko

Livro - 2

Legenda

Construir um ecossistema inteligente de produção de produtos de confeitaria. Livro 2

Subtítulo

Transformação inovadora do ecossistema e da infraestrutura de uma instalação inteligente para a produção de produtos compósitos

Palavras-chave:

Produção de produtos de confeitaria, Tecnologias de ecossistema digital para a produção de produtos de confeitaria, Regras e critérios de design industrial aplicados à produção de produtos de confeitaria avançados e inteligentes, Aplicação de sensores de ressonância electromagnética, Pesquisa de sistemas, Durabilidade de novos produtos.

Anotação

Transformação inovadora das caraterísticas operacionais e de desempenho do ecossistema e da infraestrutura de uma instalação inteligente para a produção de produtos de confeitaria num supersistema combinado avançado com subsistemas de monitorização e controlo em linha interligados em tempo real, incluindo módulos de tratamento de energia e de água.
A importância da aplicação dos princípios de conceção, fabrico e funcionamento inovadores de todo o complexo e dos componentes do ecossistema da infraestrutura do objeto inteligente de produção de produtos de confeitaria na formação de um sistema complexo de regeneração e reciclagem de águas residuais e outros recursos ambientais com a introdução de sistemas inovadores de relaxamento da produção tecnológica em conjuntos de equipamento tecnológico e ferramentas, por sua vez incluídos em ecossistemas autónomos e infra-estruturas de equipamento tecnológico especial, bem como de equipamento inteligente.
Especificidades das normas, condições e requisitos actuais para a criação de elementos de conceção do complexo de infra-estruturas inteligentes e do ecossistema do objeto inteligente de produção de produtos de confeitaria e equipamento tecnológico especial, tendo em conta a solução de tarefas de controlo e gestão em tempo real em linha, bem como o fornecimento parcial de energia através da utilização de energia solar e, além disso, a criação de condições e caraterísticas que permitam a utilização de estabilizadores visuais do clima psicológico em sistemas e instalações de produção.

Índice

Adesão :

Tecnologias digitais multidisciplinares modernas de produção de produtos de confeitaria com elementos de inteligência artificial e redes neurais artificiais, nuances psicológicas e aspectos da comercialização de produtos de confeitaria criados com base e no desenvolvimento destas tecnologias na sua interação com a TRIZ.

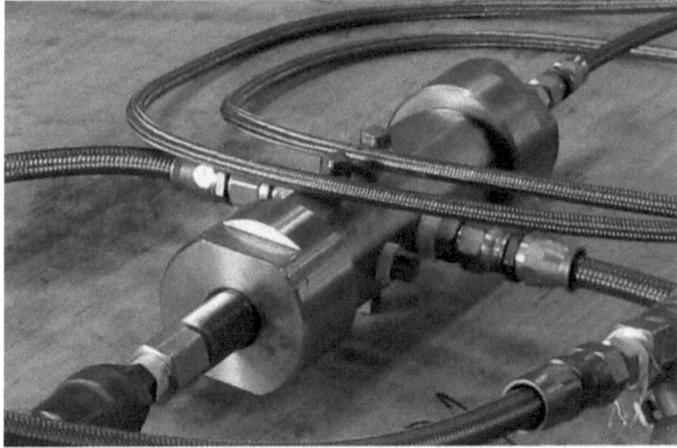

Figura 1, - a figura mostra um dispositivo para mistura em linha e homogeneização simultânea de fracções líquidas da produção de produtos de confeitaria com formação de estruturas encapsuladas antes da injeção em câmaras de aquecimento e objectos termodinâmicos de equipamento tecnológico especial de produção de produtos de confeitaria.

Alterar as regras e os critérios do design industrial em relação à produção inteligente avançada de produtos de confeitaria

A introdução de novas tecnologias ditas inteligentes, a utilização de novos materiais e compósitos ditos inteligentes, a substituição de métodos de produção tradicionalmente aceites por métodos invulgares, que ajudam e são um pré-requisito para um salto ou avanço tecnológico, aumentando a eficiência da produção, que começa a satisfazer os critérios e as caraterísticas da produção inteligente, é hoje designada por um processo de inovação complexo.

Este processo em condições de diferentes culturas técnicas e tecnológicas, em condições de diferentes níveis de posições de partida para o início do processo iniciado de inovações, pode diferir significativamente, mas a necessidade urgente do início de tal processo existe e este facto não causa quaisquer dúvidas.

Nos últimos anos, as economias de praticamente todos os países industrializados adoptaram e continuam a adotar um carácter inovador cada vez mais acentuado.

E se no início deste processo o avanço inovador teve um significado local e foi observado no domínio das altas tecnologias, da microeletrónica e das chamadas tecnologias digitais ultra-precisas, hoje em dia o processo inovador está cada vez mais centrado nas tecnologias clássicas, básicas, na energia, na medicina, nos transportes, incluindo complexos modulares de tecnologias inovadoras de confeitaria inteligente, ou seja, abrangendo todas as esferas fundamentais da vida humana.

A fim de aumentar a competitividade dos seus produtos e tecnologias de confeitaria, os empresários têm de procurar constantemente novas formas de aumentar a eficiência, reduzir o consumo de energia e os custos diretos de energia, aumentar o nível de segurança ambiental e a sustentabilidade económica em cada empresa individual ou empresa que produz produtos de confeitaria inovadores e integradores no ecossistema moderno de produção de confeitaria e no processo independente de criação e preparação da produção.

Figura 2 , - a figura também mostra um dispositivo para mistura em linha e homogeneização linear simultânea com a formação de estruturas encapsuladas, se necessário, antes de alimentar as câmaras de aquecimento e tratamento térmico de objectos termodinâmicos como parte do equipamento tecnológico de produção de produtos de confeitaria.

O dispositivo tem 9 entradas e pode misturar e homogeneizar simultaneamente 9 componentes da mistura; esta estrutura não foi utilizada anteriormente, em parte porque não havia necessidade específica de um número tão elevado de componentes numa mistura de pastelaria

As novas possibilidades de conceção e validação do desempenho das soluções técnicas acrescentam também elementos de soluções de design composicional e tornam-se os principais critérios para as ferramentas e a metodologia de design industrial

Um novo olhar sobre a durabilidade de um novo produto

Não há muito tempo, a durabilidade de um produto era um dos critérios mais importantes para determinar o seu valor comercial; hoje em dia, com o tempo entre o início do período de comercialização de um novo produto e o início do período de comercialização de um produto ainda mais recente a diminuir constantemente, este período de tempo é tão curto que muitas vezes não faz sentido, no processo de inovação, concentrar a atenção e despender esforços e dinheiro num aumento excessivo da durabilidade, que é maior do que o período entre o início da utilização de um produto de confeitaria existente e o início do período de comercialização de um novo produto.

Uma vez que este período pode variar significativamente para diferentes tipos de produtos, o conceito de durabilidade pode esbater-se com o tempo e, como objetivo da invenção, não é crítico

Há mais um fator subjetivo de durabilidade que deve ser tido em conta; com base nos estereótipos de durabilidade dos diferentes tipos de produtos, são determinados muitos factores comerciais, incluindo o número de produtos procurados e, por conseguinte, vendidos e o seu preço real;

Imagine que foi encontrada uma solução técnica para aumentar a durabilidade do produto e que este fator reduz a quantidade necessária do produto, mantendo o nível atual de preço que os consumidores estão dispostos a pagar por este produto;

Isto leva a uma diminuição das vendas das empresas que produzem o produto e coloca estas empresas perante uma escolha - concordar com a inovação ou fazer tudo para bloquear a implementação e a introdução da inovação; como mostra a prática, estas empresas escolhem a segunda opção e bloqueiam a inovação e, neste processo, o único perdedor é o inventor, que inventou algo rejeitado pelo mercado ou não totalmente compreendido pelos intervenientes no mercado

Um novo olhar sobre a fiabilidade de um novo produto

A questão da fiabilidade dos novos produtos e os novos critérios de avaliação e cálculo da fiabilidade estão também a sofrer alterações fundamentais; trata-se, sobretudo, da relação entre a fiabilidade e as obrigações de garantia do fabricante de um novo produto para com o consumidor;

Muitas vezes, o custo do cumprimento da garantia é comparável ao custo do próprio produto;

Ou seja, a fiabilidade é um fator que, como um dos objectivos da invenção, pode determinar (naturalmente em combinação com outros factores técnicos e operacionais alcançados em resultado da invenção) o nível de sucesso comercial.

Neste caso, o fator subjetivo do tempo também desempenha um papel importante e, mais do que o necessário, a fiabilidade pode tornar-se um fator negativo e pregar uma partida cruel ao inventor, numa situação em que o produto ultra-fiável criado acaba por não ser comercialmente rentável para o fabricante;

Novas oportunidades na eficiência da pesquisa de sistemas e análise da novidade de soluções técnicas anteriores

É evidente que as novas tecnologias da informação abrem novas oportunidades no sistema de procura de soluções semelhantes no desenvolvimento da solução técnica em desenvolvimento

Imaginemos que, durante a conceção preliminar da estrutura da composição, chegámos à necessidade de combinar e integrar várias soluções clássicas e novas tecnologias, digamos, digitais, ligando-as à composição, isto é, a um nível de integração horizontal e, depois disso, chegámos também à necessidade de atingir o nível seguinte de integração com a inclusão de algoritmos, produtos de software e interfaces na composição para comunicação com o nível anterior de integração.

Nesta fase de pesquisa e análise dos resultados da pesquisa, é extremamente importante determinar atualmente o impacto previsto no nível global do produto em estudo dos métodos de utilização de elementos de inteligência artificial e de redes neuronais artificiais na sua estrutura de sistema

Como pesquisar, em que direcções, e como conduzir esta pesquisa da forma mais eficaz e identificar os análogos existentes da composição a criar

Neste caso, parece ao autor que o mais provável para o início da pesquisa, após a formação da composição da composição criada, é iniciar a pesquisa do sistema, após a decomposição e revelação de soluções técnicas não óbvias, independentes e autónomas incluídas na composição.

Após esta fase de pesquisa, é preferível escolher uma solução técnica de base de entre estas soluções técnicas e, depois de a pesquisar, começar a juntar outras soluções técnicas incluídas na composição à solução de base e efetuar pesquisas consecutivas na solução técnica de base com cada solução técnica junta, e assim sucessivamente até obter a composição completa da composição, com a perspetiva de obter o resultado final ideal

Novas possibilidades para avaliar a utilidade e a viabilidade (bem como a conveniência) de otimizar, modificar e melhorar as soluções técnicas conhecidas na indústria de confeitaria.

Muitas vezes, o novo é o velho bem esquecido.....

Por conseguinte, ao definir um problema e ao tomar a decisão de iniciar um processo inovador de síntese de um novo produto de confeitaria com parâmetros e caraterísticas não óbvias, é desejável verificar se alguns elementos funcionais da composição a inventar não foram inventados anteriormente.
Se essa solução ou uma solução equivalente for encontrada, é possível substituir materiais, utilizar novos componentes e introduzir um sistema digital de controlo e monitorização na futura composição, o que permitirá criar uma nova composição tecnológica com potencial para ser integrada numa composição de nível superior e manter todas as propriedades e caraterísticas do carácter não óbvio.

A impossibilidade de comercialização bem sucedida de produtos de confeitaria sem a formação dos princípios de construção composicional da hierarquia esquemática e da estrutura composicional do ecossistema de uma nova solução técnica.
Como mostra a prática, a possibilidade de vender ou licenciar soluções técnicas autónomas, se não estiverem previamente ligadas a sistemas ou soluções de nível tecnológico e qualitativo superior, é reduzida a zero.

As invenções que são de natureza composicional, nas quais existe pelo menos uma solução esquemática para integração em sistemas tecnológicos - construtivos - digitais de um nível funcional mais elevado, são implementadas com mais confiança e num período de tempo mais curto, porque a metodologia e a técnica desta integração os investidores, compradores ou consumidores da licença têm na descrição e na fórmula desta solução técnica integrativa e composicional.

Sugestão de técnicas e métodos de formação de estilos de composição na criação de novas soluções inovadoras.

Assim, os princípios de composição da solução técnica, é um estilo de conceção e de tecnologia de elaboração de novas soluções técnicas para a sua incorporação em esquemas e configurações tecnológicas existentes, incluindo hoje em dia e em máquinas inteligentes e na produção de produtos de confeitaria;

Uma vez que a metodologia de tal incorporação pode muitas vezes ser não óbvia, única e possuir uma novidade substancial, a descrição e as reivindicações com um carácter composicional, uma arquitetura multinível de construção de ligações causais entre os componentes da composição e integrada na conceção e nas ligações tecnológicas da composição, caraterísticas distintivas, determinam em grande medida o sucesso comercial destas inovações, especialmente na produção de produtos de confeitaria;

É certo que, atualmente, a capacidade comprovada de aplicar eficazmente elementos da inteligência artificial e das redes neuronais artificiais suscita um interesse suplementar na comercialização, tendo em conta todos os benefícios adicionais de tais aplicações;

Técnicas e métodos de transição da base composta criada de uma nova solução técnica para a base básica da invenção integrativa de um novo produto de confeitaria

A composição design-tecnológica no domínio da formação e produção de produtos de confeitaria requer, em muitos casos, ligações adicionais, muitas vezes fundamentalmente novas, entre componentes e elementos da composição, por outras palavras, tendo muitas vezes expressado claramente as propriedades e a composição da composição design-tecnológica, a fim de a transformar num produto ou produto inovador acabado, é necessário encontrar versões de integração da composição neste produto final de confeitaria integrado de múltiplos e muitos níveis e esquemas estruturais.

Há muitas versões diferentes de integração, a única coisa importante é que o resultado final da integração é um impacto significativo ou um salto de qualidade que não tem precedentes e não é óbvio a partir da experiência anterior no ecossistema de confeitaria.

Efeito das limitações das reivindicações na capacidade de proteger de forma fiável as soluções técnicas compostas na indústria de confeitaria

A limitação do número de reivindicações, em princípio, dificulta a proteção fiável da invenção, mas um princípio de estrutura composicional corretamente encontrado a todos os níveis da hierarquia pode, inversamente, aumentar o grau e o nível de proteção;

Um caso ideal é um sistema de relações de causa e efeito que permite obter o efeito não óbvio declarado apenas no sistema proposto de inter-relações de composição com condições e caraterísticas claramente expressas que determinam a composição da composição e as funções independentes de cada um dos elementos da composição obtida;

Devido ao espaço e forma limitados, faz sentido destacar na solução composicional apenas as caraterísticas e inter-relações que não afectam as caraterísticas e funções independentes conhecidas de cada um dos elementos e componentes da composição, mas que surgiram precisamente como resultado da formação da composição a partir das esferas de influência funcional dos componentes da composição uns sobre os outros;

Pode dizer-se que, em componentes corretamente selecionados da composição, quando são subordinados dentro da composição às condições e propriedades do sistema tecnológico recém-criado, surge um novo sistema integrado não óbvio de caraterísticas, inter-relações, feedbacks e funções, possível apenas no âmbito desta composição e, além disso, com tendência para desenvolver e melhorar as relações intra-composicionais;

Seguir estes princípios permite, dentro de um número limitado de reivindicações, concentrar a atenção apenas nas principais caraterísticas distintivas inerentes à composição, assegurando simultaneamente o nível máximo de proteção da composição e o nível máximo de compreensibilidade da essência da invenção, apesar da sua não obviedade.

Proposta de estrutura de uma reivindicação independente baseada numa solução técnica composta

Como a autora determinou como resultado das suas primeiras experiências e como recomendado pelos peritos na matéria, uma reivindicação independente, quando a invenção é uma composição complexa de confeitaria, deve ter pelo menos três partes principais;

A primeira parte contém a formulação da essência comercial da invenção composicional do produto de confeitaria e do seu fabrico e deve revelar o significado e a necessidade da integração composicional para:

- um enunciado claro do problema de composição

- limitar o grau de relações funcionais na composição e revelar o grau de necessidade de cada componente da composição para a sua formação e funcionamento normal e eficaz

- formulação do nome da composição de um produto de confeitaria complexo

A segunda parte limitativa contém todas as informações básicas sobre a invenção enquanto tal e inclui uma caraterização de todas as soluções técnicas básicas inerentes aos componentes da composição e, na fase de redação da reivindicação, não qualifica a presença de elementos de novidade substancial em todos os aspectos e relações comerciais, de conceção e tecnológicos da composição;

A terceira parte distintiva contém informações sobre os componentes, as suas inter-relações, os materiais, os elementos integradores e os produtos de software associados e os seus algoritmos de base, cada um dos quais, independentemente ou em qualquer combinação, cria elementos de novidade essencial para uma solução técnica integrada de composição, múltipla e multinível, para criar um produto de confeitaria fundamentalmente novo.

Proposta de estrutura de uma reivindicação dependente baseada numa solução técnica composta para a criação de um produto de confeitaria inteligente e sua produção

A limitação do número de reivindicações impõe uma missão específica a cada reivindicação na estratégia global de formulação e proteção da novidade da invenção e do seu carácter não óbvio;

Nesta base, a segunda parte limitativa de tal reivindicação deve conter todas as informações básicas locais e específicas sobre a invenção enquanto tal e incluir uma caraterização local e específica de todas as soluções técnicas básicas inerentes aos componentes da composição e, na fase de redação das reivindicações, não qualificada pela presença de elementos de novidade substancial em todos os aspectos e relações de formulação e conceção e tecnológicos da composição, mas com uma definição clara dos elementos necessários e obrigatórios da invenção.

A terceira parte distintiva contém informações locais, especificamente orientadas para pormenores e elementos técnicos, sobre componentes, as suas inter-relações, materiais, elementos integradores e produtos de software associados e os seus algoritmos de base, cada um dos quais à escala local, independentemente ou em quaisquer combinações, cria elementos específicos locais de novidade essencial para uma solução técnica integrada não óbvia, composicional, repetida e a vários níveis, de um produto de confeitaria.

Metodologia proposta para a conceção de protótipos de soluções técnicas compostas de produtos de confeitaria e produção, permitindo testar e verificar a correção de cada elemento inovador da composição do produto de confeitaria

A conceção de um protótipo ou de uma amostra de protótipo de um produto inovador - a composição é mais conveniente quando se utiliza um programa de conceção e as suas aplicações analíticas de engenharia; o autor prefere utilizar o produto de software Solid Works, uma vez que esta ferramenta permite construir um modelo de trabalho de uma solução técnica composta e realizar uma simulação de controlo do seu ciclo de trabalho sem recorrer à conceção e fabrico dispendiosos de protótipos.

Análise dos análogos e protótipos encontrados da nova solução técnica compósita

Se, em resultado da pesquisa, forem encontradas soluções técnicas de base homogéneas que, numa primeira aproximação, sejam análogas ou protótipos da solução técnica composta concebida para o produto de confeitaria, estas devem ser testadas em diversas variantes e combinações de integração com elementos e componentes adicionais da composição em consideração;

Se a informação sobre estes protótipos ou análogos estiver disponível em formato digital (digital), é aconselhável utilizar as ferramentas Solid Works para construir modelos das soluções técnicas encontradas e efetuar a simulação digital dos ciclos de trabalho destes modelos para os comparar com ciclos de trabalho semelhantes da invenção proposta - uma solução técnica composta de um produto de confeitaria inteligente;

Exemplos de soluções técnicas compostas que foram aceites pelo mercado

Um exemplo de soluções técnicas compósitas não óbvias são os produtos e produtos da tecnologia informática, os meios de comunicação, os computadores tablet e muitos outros produtos de procura massiva e não massiva, bem conhecidos de todos;

A incerteza na redação dos pedidos de patente, uma vez que as soluções técnicas complexas subjacentes a estes produtos conduziram e continuam a conduzir a numerosos litígios e guerras em matéria de patentes;

Uma aplicação em maior escala de soluções técnicas compostas e das suas extensões e interpretações integradas reduzirá o calor da paixão e possivelmente ajudará a comercializar produtos de confeitaria inovadores;

Há uma parte extremamente importante do processo de design atual que corresponde à técnica TRIZ número 40 utilizada para alcançar o resultado final perfeito.

Receção 40. Aplicação de materiais compósitos

- passar de materiais homogéneos a materiais compósitos.

É bem sabido que a substituição de um material por outro não é reconhecida como uma invenção; o próprio material de confeitaria composto é o sujeito ou objeto de uma invenção original, mas muitas vezes, quando um material de construção comum é alterado para um composto, as propriedades e capacidades do artigo ou produto são de tal forma alteradas que o artigo em que os compostos são utilizados se torna completamente novo, desconhecido anteriormente, com funções completamente novas e não óbvias e caraterísticas técnicas e de consumo invulgares;

É claro que, para fazer tal mudança, é necessário realizar um volume de trabalho tão grande, que é comparável ao desenvolvimento de uma tecnologia fundamentalmente nova ou de um produto de confeitaria inteligente fundamentalmente novo, e isto só é possível para empresas com departamentos de investigação poderosos;

Para completar a base da análise, apresentamos informações sobre as leis de desenvolvimento e formação de soluções técnicas conhecidas da TRIZ;

Atualmente, são conhecidas as chamadas leis do desenvolvimento das soluções técnicas e tecnológicas, cuja correção e precisão das definições e formulações estão praticamente por provar;

Lei da integralidade das partes do sistema

Uma condição prévia para a viabilidade fundamental de um sistema técnico é a presença e a operacionalidade mínima das principais partes do sistema.

Lei da condutividade energética do sistema

Um pré-requisito para a viabilidade fundamental de um sistema técnico é a passagem de energia através de todas as partes do sistema.

A lei da harmonização do ritmo das partes do sistema

Uma condição necessária para a viabilidade fundamental de um sistema técnico é a coordenação dos ritmos (frequência das oscilações, periodicidade) de todas as partes do sistema.

A lei do aumento do grau de idealidade de um sistema

O desenvolvimento de todos os sistemas vai na direção de graus crescentes de idealidade.

Lei do desenvolvimento desigual de partes do sistema

O desenvolvimento das partes do sistema é desigual. Quanto mais complexo for o sistema, mais desigual é o desenvolvimento das suas partes.

Lei de transição para o supersistema

Depois de esgotadas as possibilidades de desenvolvimento, o sistema é incluído no supersistema como uma das suas partes. Neste caso, o desenvolvimento posterior tem lugar ao nível do supersistema.

A lei de transição do nível macro para o nível micro

O desenvolvimento dos órgãos de trabalho do sistema processa-se primeiro a nível macro e depois a nível micro.

A lei do aumento do grau de ligação do campo real

O desenvolvimento de sistemas técnicos e comerciais está a avançar no sentido de aumentar o número de ligações substância-campo.

Como a prática demonstrou, infelizmente, a TRIZ e a ARIZ não estão adaptadas às exigências e aos critérios da produção inteligente de produtos de confeitaria e à utilização integradora de elementos de inteligência artificial e de redes neuronais artificiais, o que não corresponde exatamente à situação atual dos grupos de investigação e de conceção inovadora, por uma série de razões essenciais;

Infelizmente, no processo de desenvolvimento de métodos e equipamentos de conceção de sistemas, a TRIZ e a ARIZ não foram adaptadas às condições e exigências reais da produção de produtos de confeitaria inteligentes, não só do ponto de vista técnico e tecnológico, mas também do ponto de vista psicológico, quando se abordam as questões da preparação psicológica para o desenvolvimento do processo de comercialização e, em geral, quando se constrói a estratégia de comercialização e a estratégia de licenciamento de patentes de um produto de confeitaria inteligente;

A transição para métodos de conceção e engenharia assistidos por computador reduziu drasticamente o tempo de preparação técnica da conceção e produção de novos produtos inovadores, o que determinou um novo modelo psicológico de perceção deste processo, que não proporcionava um estímulo psicológico mínimo para uma utilização óptima da TRIZ;

A utilização da modelação por computador reduziu drasticamente o número de erros e praticamente eliminou o aparecimento no mercado de soluções mal sucedidas e de produtos de confeitaria que requerem correção e modernização;

Por conseguinte, nas condições actuais, é psicologicamente mais justificado substituir completamente equipamentos e processos obsoletos por outros inovadores, em vez de uma modernização gradual e limitada em termos de eficiência e novidade.

Figura 3 , - a figura mostra uma vista de um gerador a gasóleo, que é modernizado através da integração no seu sistema de combustível de um dispositivo para misturar e homogeneizar a mistura de combustível - gasóleo com metanol

Processo de desenvolvimento de projectos para a integração de um dispositivo para mistura dinâmica de componentes de combustível nos sistemas de abastecimento de combustível de equipamento térmico (incluindo caldeiras de todos os tipos).

Figura 4, - a figura mostra um dispositivo para mistura e homogeneização em linha de componentes líquidos de misturas para pastelaria e outras misturas culinárias antes da

injeção ou transferência para a câmara de tratamento térmico de um objeto termodinâmico de equipamento de produção

Figura 5 , - a figura também mostra um dispositivo para mistura e homogeneização em linha de misturas de combustível antes da injeção na câmara de combustão de um objeto termodinâmico com partes internas

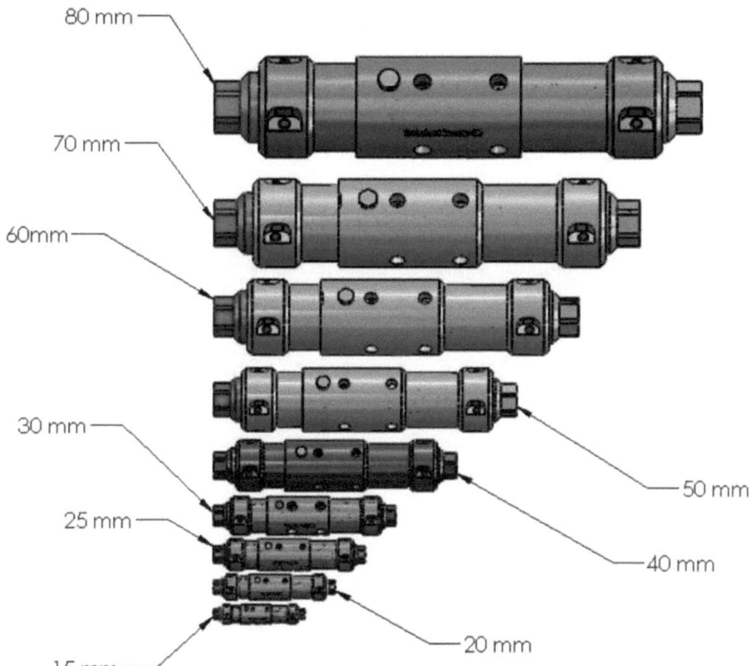

Figura 5 - 1, - a figura mostra a gama de dimensões dos dispositivos para mistura e homogeneização em linha de componentes líquidos de confeitaria ou de misturas de combustíveis antes da injeção na câmara de combustão de um objeto termodinâmico

Todos os dispositivos de 9 tamanhos para mistura e homogeneização em linha de misturas de pastelaria ou de combustível antes da injeção na câmara de combustão de um objeto termodinâmico têm uma estrutura interna equivalente e a mesma conceção das partes internas.

Figura 6 , - a figura mostra os instrumentos de controlo dos parâmetros da massa obtida ou da mistura combustível.

No caso das caldeiras, por exemplo, o dispositivo deve ter um bocal para uma maior adaptação aos sistemas de abastecimento de combustível à câmara de combustão ou ao queimador.

O desenvolvimento do bocal é uma das partes integrantes do projeto;

Ao mesmo tempo, o próprio dispositivo pode ser apresentado como um produto autónomo ou como um queimador compacto para câmaras térmicas na produção de produtos de confeitaria;

Isto aplica-se tanto a caldeiras que utilizam gasóleo como combustível como a caldeiras que utilizam gás natural como combustível;

Todas as variantes e versões de trabalho do dispositivo e da sua tecnologia de aplicação podem ser desenvolvidas ao mesmo tempo, em paralelo;

Para os dispositivos concebidos para a mistura dinâmica de componentes de combustível em que o combustível líquido é dominante, há uma série de paradoxos que são inerentes a todas as aplicações, incluindo as destinadas à produção de produtos de confeitaria;

O primeiro paradoxo é caracterizado pelo facto de, na conduta, com a mesma secção transversal, a mesma pressão inicial e o mesmo caudal inicial do componente líquido não compressível, se formar uma zona de vácuo anular, sem consumo adicional de energia

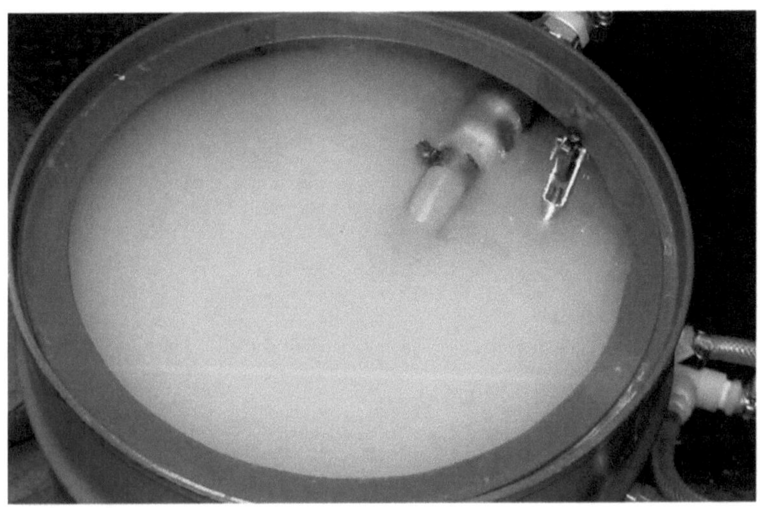

Figura 7 , - a figura mostra, a título de exemplo, uma vista da mistura de combustível após a recuperação da estrutura

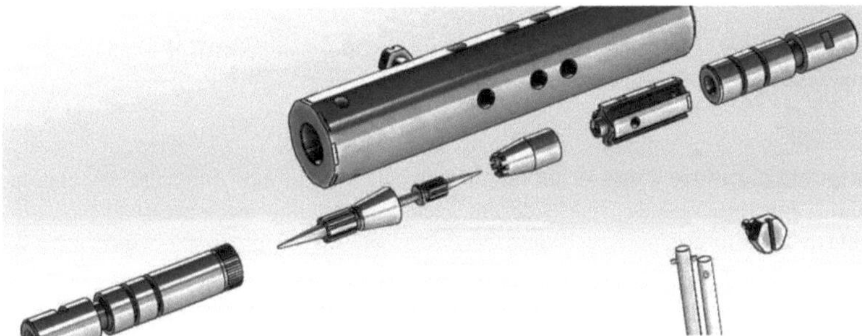

Figura 7 - 1 . - a figura mostra a estrutura interna do dispositivo

Figura 8. - a figura mostra a vista da mistura de combustível antes da recuperação da estrutura

Esta zona é uma espécie de fronteira entre um líquido incompressível e uma mistura compressível deste líquido com um gás, neste caso, o ar.

O segundo paradoxo é que, dentro da mesma conduta, o fluido que entra na conduta muda as suas propriedades físicas de um agente de trabalho incompressível para um agente de trabalho compressível.

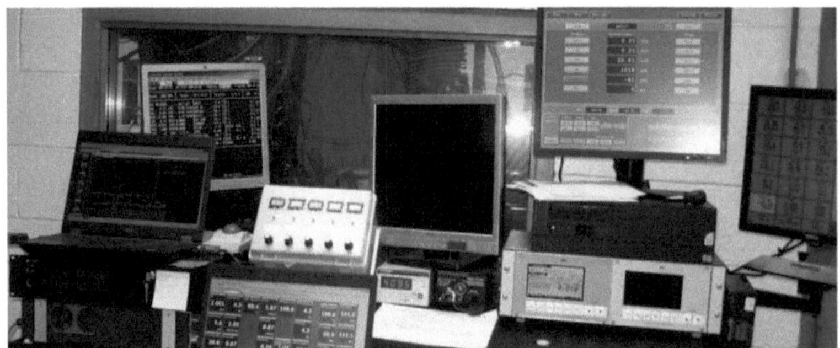

Figura 9 , - a figura mostra sistemas que utilizam inteligência artificial e redes neuronais artificiais utilizadas em ensaios de qualificação de tecnologias e dispositivos.

O terceiro paradoxo é que no ponto em que o fluxo muda as suas propriedades físicas, os fluxos das componentes líquida e gasosa são coaxiais, com o fluxo da componente líquida a cobrir o fluxo da componente gasosa.

Figura 10, - a figura mostra também sistemas que utilizam inteligência artificial e redes neuronais artificiais utilizadas em ensaios de qualificação de tecnologias e dispositivos.

As direcções dos fluxos no ponto especificado são as mesmas.

O quarto paradoxo é que existe uma rarefação profunda ou vácuo na zona que é a fronteira entre a parte incompressível do escoamento e a parte compressível do escoamento, em condições em que dois escoamentos coaxiais criam, cada um, uma zona de rarefação anular, sendo uma zona criada pelo escoamento de fluido incompressível e a segunda zona de rarefação anular criada pelo escoamento de ar compressível.

Ambas as zonas são coaxiais entre si e a espessura do fluxo nelas não excede 100 micrómetros para o líquido e 25 micrómetros para o gás.

A velocidade linear em cada um dos fluxos na zona de rarefação excede os 100 metros por segundo, enquanto não são utilizadas fontes de energia adicionais.

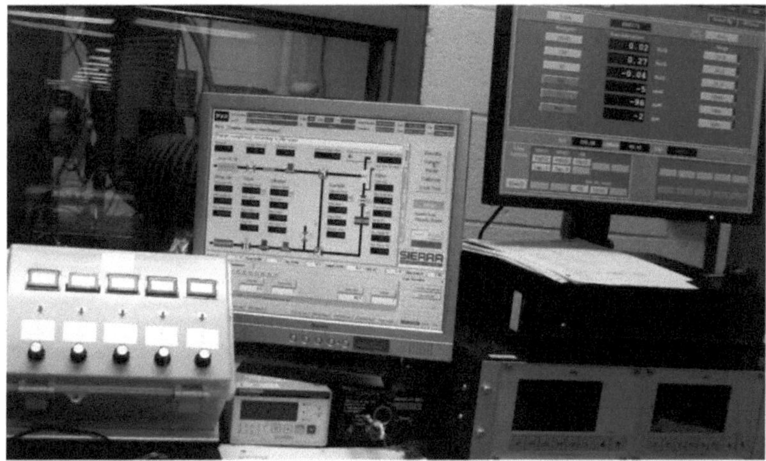

Figura 11, - a figura mostra também fragmentos do sistema que utiliza inteligência artificial e redes neuronais artificiais utilizadas na produção de produtos de confeitaria em testes de qualificação da tecnologia e do dispositivo.

O quinto paradoxo é que o fluxo da mistura acumula a energia cinética dos fluxos de todos os componentes e a energia cinética da mistura que deixa o dispositivo excede a energia cinética do componente líquido da mistura que entra no dispositivo.

O sexto paradoxo é que, em condições de rarefação profunda e de alta velocidade linear dos fluxos, na zona limite que separa a região do líquido não compressível e da mistura compressível, formam-se muitas cápsulas de componentes líquidos de confeitaria ou de combustível compósito, mais de 27 milhões de cápsulas esféricas com um diâmetro não superior a 50 micrómetros por um litro de mistura ou de combustível compósito.

Nestas cápsulas, o núcleo é um elemento compressível, o ar, e o invólucro é um elemento não compressível, um líquido ou uma mistura homogénea de líquidos.

Um sétimo paradoxo é o facto de um componente líquido adicional do combustível ou do composto de confeitaria, como a água, poder ser arrastado para a zona limite entre as partes compressíveis e não compressíveis do escoamento, se necessário;

Não é necessária energia adicional para atrair a água para o fluxo de componentes de combustível líquido e misturar-se com ela, mas apenas a energia do fluxo de componentes de combustível líquido.

Aplicação do método de ressonância electromagnética baseado nos princípios da espetroscopia de ressonância electromagnética para a monitorização sistémica e complexa de processos bioquímicos relacionados com a atividade fisiológica do corpo humano

Princípio de funcionamento do sensor de ressonância electromagnética por métodos de espetroscopia de ressonância electromagnética

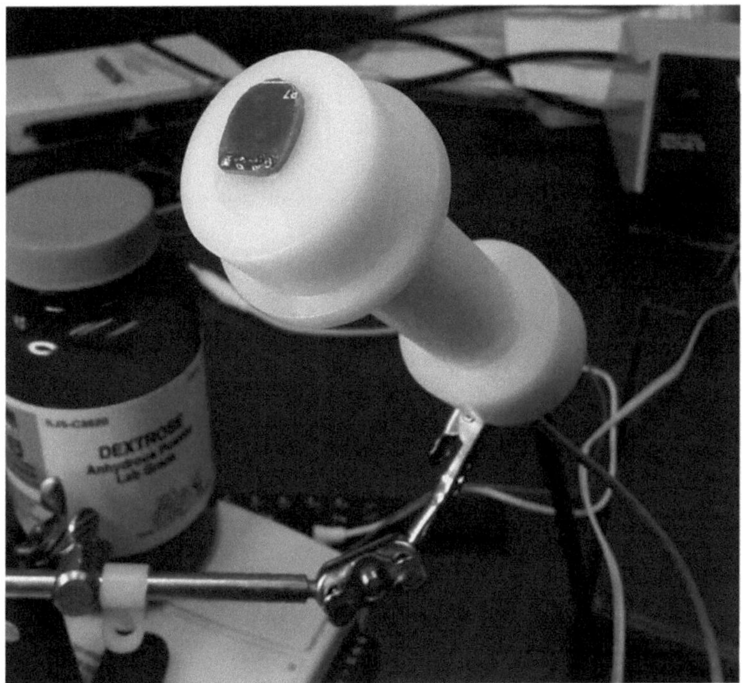

O método envolve a criação de um campo eletromagnético alternado no espaço em que é colocada a amostra em estudo.

Este campo faz a mediação entre o circuito ressonante e o provete de ensaio.

Por um lado, o circuito ressonante é o emissor (radiador) deste campo e, por outro lado, é o aceitador (elemento sensor) das alterações do campo eletromagnético introduzidas pela amostra de ensaio.

Sob a influência de um campo eletromagnético alternado externo, podem ser induzidos na amostra de ensaio, dependendo da sua natureza, fenómenos eléctricos tais como correntes de condução lineares e de Foucault, correntes de deslocamento lineares e de Foucault, bem como correntes iónicas lineares e de Foucault (movimento ordenado de iões).

De acordo com o princípio da formação do campo eletromagnético, estes fenómenos eléctricos introduzem distorções no campo eletromagnético alternado externo. Estas distorções são detectadas pelo solenoide do sensor de ressonância electromagnética (sensor IR).

Um circuito ressonante que inclua este solenoide ou o seu equivalente microelectrónico altera o seu comportamento da mesma forma que se fossem acrescentados elementos adicionais: um condensador, uma indutância e uma resistência.
A soma das resistências capacitivas, indutivas e activas adicionais representa a impedância adicional introduzida no sistema pela amostra de ensaio, sendo este atributo

que o sensor IR mede.

As alterações nos parâmetros do circuito ressonante reflectem-se em alterações na sua amplitude complexa e na resposta em frequência, ou seja, a frequência ressonante e a amplitude do circuito alteram-se.

Ao estudar estas alterações, é possível avaliar o máximo de parâmetros activos, mensuráveis de forma fiável e outros parâmetros indicativos da amostra investigada.

Como resulta da descrição acima do princípio de funcionamento do sensor de ressonância electromagnética de acordo com os princípios da espetroscopia de ressonância electromagnética, a resposta complexa do objeto medido pode ser aplicada em todas as aplicações em que são utilizados instrumentos de ensaio de correntes de Foucault (sensores electromagnéticos).

Além disso, os sensores de ressonância electromagnética podem ser utilizados em todas as aplicações em que é utilizada a medição de parâmetros caraterísticos de um objeto colocado entre eléctrodos, por exemplo, no caso de um analisador de impedância/material por radiofrequência.

A vantagem que o sensor de infravermelhos tem sobre os métodos acima referidos é a maior sensibilidade (pelo menos dez vezes), que é proporcionada pela utilização do circuito ressonante na sua forma extremamente reduzida, ou seja, consistindo apenas numa bobina de indutância ou no seu equivalente microelectrónico, que utiliza a sua capacitância intercorrente para criar um circuito oscilante.

Aplicações de um e dois componentes

Isto inclui todas as aplicações em que é suficiente utilizar um único sensor de ressonância electromagnética que fornece dois parâmetros como indicação: frequência de ressonância e amplitude de ressonância.

Estas aplicações incluem todas as aplicações de deteção de defeitos e todas as aplicações que monitorizam as alterações de um ou dois parâmetros, tais como processos químico-mecânicos e de película e revestimento, determinação da humidade de objectos, determinação da salinidade da água, etc.

Criação de um sistema analítico

Para aplicações em que é necessário medir e/ou monitorizar alterações em sistemas complexos, multicomponentes e, especialmente, em sistemas de confeitaria, torna-se necessário construir um sistema analítico constituído por vários sensores, cada um a funcionar com a sua própria frequência de funcionamento.

Os dados iniciais para a construção desse sistema utilizado para a análise química e/ou física ou integrativa complexa do objeto investigado são os espectros obtidos por métodos de espetroscopia electromagnética eletroquímica (EIS) e/ou espetroscopia de relaxação dieléctrica (DRS) em equipamentos de medição utilizados por estes métodos: analisadores de impedância/material de radiofrequência, geradores de impulsos, etc.

As amostras de referência do objeto investigado com uma variação conhecida dos componentes químicos ou com uma variação conhecida das propriedades físicas do objeto são utilizadas para construir espectros.

A exatidão das medições com o sistema analítico de ressonância electromagnética dependerá da medida em que estas amostras de referência cubram totalmente todos os estados possíveis do objeto em estudo.

Em seguida, utilizando a abordagem quimiométrica*, as frequências de funcionamento dos sensores ressonantes electromagnéticos incluídos no sistema analítico são determinadas com base nos espectros obtidos.

O número de sensores no sistema deve ser maior ou igual ao número de componentes a analisar.

Os principais critérios para a seleção da frequência de funcionamento são a variação máxima da impedância em função da variação da concentração do componente ou da propriedade física em estudo e o contraste desta resposta com as variações de outros componentes ou propriedades físicas.

Projeto de investigação proposto

Monitorização da contagem sanguínea sem contacto (como exemplo)

Este método envolve a instalação de um sistema de módulos de sensores de ressonância electromagnética ao longo dos vasos sanguíneos em áreas do corpo onde estes vasos estão mais próximos da superfície do corpo.

E o objeto de investigação pode ser diferentes tipos de sangue: arterial, venoso e capilar.

Para construir um sistema deste tipo, é necessário efetuar uma quantidade considerável de trabalho preparatório para descobrir quantos sensores são necessários e quais as frequências de funcionamento que devem ter.

Para o efeito, existem pelo menos duas abordagens diferentes: sintética e analítica.

Abordagem sintética

Esta abordagem implica uma progressão gradual das medições simples para as mais complexas.

Como equipamento de medição, é possível utilizar todo o arsenal de dispositivos destinados à investigação no domínio da espetroscopia electromagnética eletroquímica (EIS), nomeadamente: geradores de impulsos, medidores de impedância, etc.

A metodologia destes estudos consiste na recolha e análise de espectros EIS na gama de radiofrequências entre 1-1000 MHz de várias concentrações em água destilada de componentes individuais do sangue e das suas combinações.

É mais adequado começar com soluções de um componente de dextrose e sal de mesa.

O objetivo da investigação é identificar as regiões "promissoras" dos espectros onde as alterações na amplitude ou na fase do espetro EIS estão mais correlacionadas com as alterações nas concentrações do componente a medir (por exemplo: dextrose).

Em seguida, as soluções ou suspensões de todos os outros componentes químicos e biológicos do sangue são investigadas separadamente, a fim de selecionar, entre as gamas de frequência "promissoras", as áreas em que a influência dos componentes não sujeitos a investigação na impedância eletroquímica total é mínima.

Além disso, para a especificação das frequências de trabalho dos elementos sensíveis à ressonância electromagnética, repete-se a construção e a análise dos espectros electromagnéticos, mas não para soluções de um só componente, mas para a sua mistura.

Se a análise dos espectros de soluções simples de um só componente é possível "manualmente", então para a análise de combinações complexas de componentes não se pode prescindir da utilização de métodos quimiométricos*.

Uma vez determinadas as frequências de funcionamento, é construído e calibrado um sistema de sensores utilizando amostras que abrangem todas as combinações possíveis de concentrações de componentes sanguíneos.

O sistema é então testado em seres humanos com análises sanguíneas paralelas para determinar os factores de correção necessários aos dados de calibração para ter em conta possíveis efeitos na pele, na parede dos vasos sanguíneos e nos músculos.

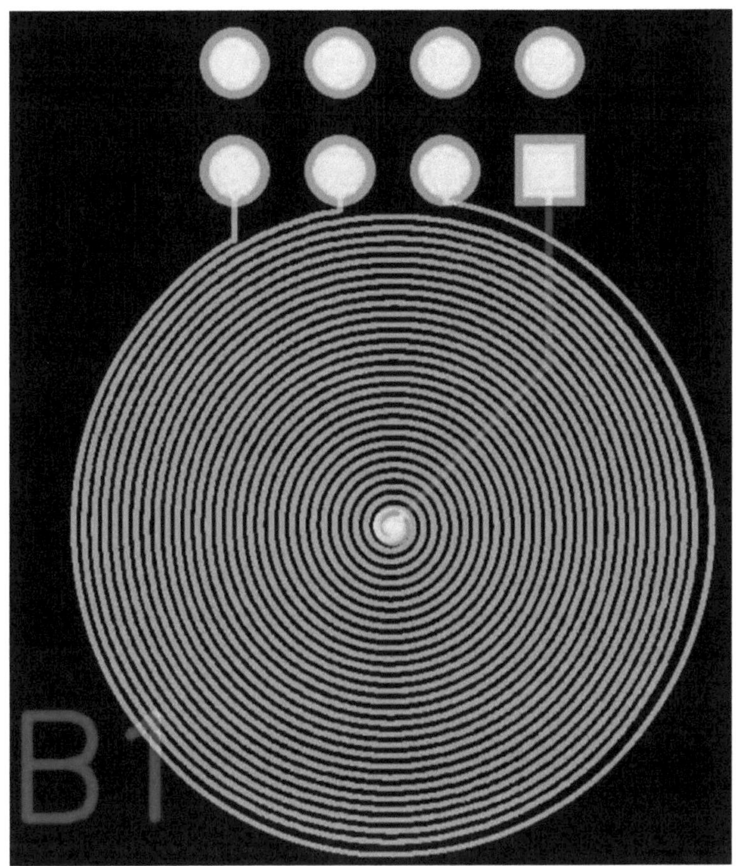

Abordagem analítica

Este método envolve a aquisição periódica de espectros EIS através de medições diretas da impedância de dois eléctrodos em áreas do corpo humano adjacentes a vasos sanguíneos.

Paralelamente à obtenção dos espectros, é necessário efetuar uma análise ao sangue e determinar a composição dos seus componentes.

Em seguida, comparando as alterações no espetro EIS com as alterações nas análises sanguíneas, utilizando a quimiometria* para determinar os coeficientes de correlação entre a impedância e as concentrações dos componentes sanguíneos em diferentes frequências.

Ao analisar os coeficientes de correlação acima referidos, são selecionadas as frequências de funcionamento dos sensores.

Após a construção do sistema de elementos sensores de ressonância electromagnética, para o calibrar, é necessário efetuar uma série de medições com análises de sangue paralelas e determinar a composição dos seus componentes.

Monitorização sem contacto dos pontos de acupunctura.

Em todas as doenças, físicas ou mentais, existem pontos sensíveis em determinados pontos da superfície do corpo, que desaparecem quando a doença é curada.

São os chamados pontos de acupunctura (a localização anatómica destes pontos de acupunctura pode ser consultada no "Atlas de Acupunctura"). Estes pontos são geralmente pequenos nódulos como nódulos reumáticos fibróticos, frequentemente encontrados na parte de trás do pescoço, nos ombros ou na região lombar.

Mas em muitos casos, em vez de um nódulo, pode ser uma faixa de tensão muscular dentro do grupo muscular, juntamente com uma área particularmente dura e compactada.

Trata-se frequentemente de locais ligeiramente inchados ou com descoloração.

O Dr. Voll criou o seu método com base nas alterações de condutividade num ponto de acupunctura.

O seu instrumento é um ohmímetro vulgar que funciona com corrente contínua, ou seja, com uma frequência de zero hertz.

A tecnologia EIS pode fornecer uma ordem de grandeza maior de informações sobre o estado do ponto de acupunctura do que o método Voll, e no caso de elementos sensíveis à ressonância electromagnética, sem contacto elétrico direto.

No entanto, para investigar as alterações das caraterísticas electromagnéticas dos pontos de acupunctura em consequência de certas doenças, é possível utilizar um esquema de dois eléctrodos em combinação com dispositivos de medição;

Após a realização de estudos exaustivos do SIA e a seleção de frequências de trabalho, é possível construir um sistema de elementos sensíveis à ressonância electromagnética que monitorizará o estado da saúde humana e alertará para todos os desvios do funcionamento normal do seu corpo.

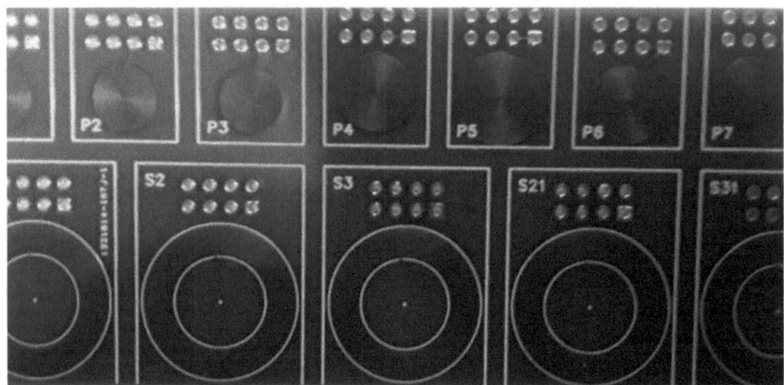

Esquema da ligação plana do sensor de ressonância de impedância

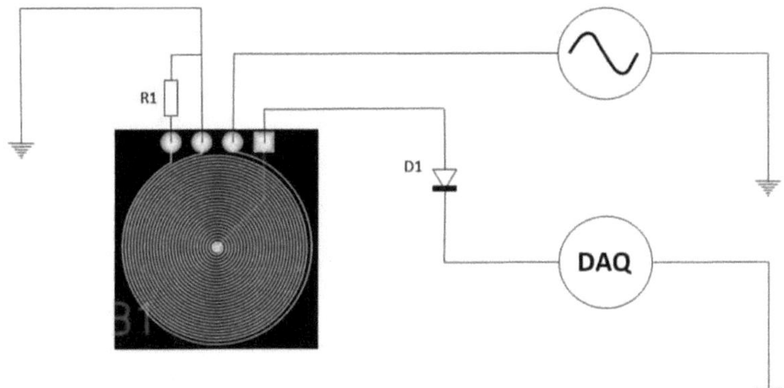

A bobina de excitação está ligada a um gerador com varrimento de frequência. A resistência de R1 depende da resistência de saída do gerador e do comprimento da linha entre o sensor e o gerador. Se o comprimento da linha for inferior a % do comprimento de onda, a resistência pode ser omitida. A bobina de deteção é ligada à aquisição de dados (DAQ). Se a frequência de funcionamento do sensor for superior à capacidade de frequência do DAQ, então o díodo pode resolver esse problema.

Tanto o gerador como o DAQ estão ligados a um computador pessoal e funcionam sob o controlo de um programa informático. O programa calcula a frequência de ressonância e a amplitude do sensor e mede as suas alterações causadas pela presença da substância a analisar.

A viabilidade deste tipo de monitorização tem sido pouco explorada até à data, mas se for bem sucedido, este projeto pode revelar-se o mais viável e eficaz.

Relatório sobre a execução da primeira e segunda fases do projeto - Módulo sensor para o controlo sem contacto do nível de concentração de glicose e seus equivalentes no sangue utilizando métodos e dispositivos caraterísticos da espetroscopia de ressonância electromagnética.

Relatório sobre a execução da primeira fase do projeto - Módulo sensor para controlo sem contacto do nível de concentração de glicose e seus equivalentes no sangue através de métodos e dispositivos caraterísticos da espetroscopia de ressonância electromagnética.

A primeira fase do trabalho inclui as seguintes operações (10 itens no total) :

- Definição dos requisitos técnicos iniciais para o módulo sensor

- Definição das especificações e caraterísticas iniciais do módulo sensor

- Determinação das principais caraterísticas distintivas e elementos de novidade fundamental dos projectos de módulos sensores

- seleção da principal invenção de base subjacente aos parâmetros de conceção e utilização do módulo sensor

- Determinação das principais caraterísticas tecnológicas e de conceção do módulo sensor

- definir as instruções de base e as justificações para a ordem e a metodologia de aplicação do módulo sensor

- Determinação das principais caraterísticas e perfis dos materiais de construção utilizados nos conjuntos e partes do módulo sensor

- desenvolvimento do programa e da metodologia das fases dos ensaios de avaliação preliminar da conceção e das variantes das suas modificações em função do modelo atual do módulo sensor

- desenvolvimento de requisitos técnicos iniciais para equipamentos tecnológicos especiais para a execução do programa e metodologia das fases dos testes de avaliação preliminar do projeto e variantes das suas modificações em função do modelo atual do módulo sensor

- desenvolvimento dos requisitos técnicos iniciais para o equipamento laboratorial especial de controlo e análise para a execução do programa e metodologia das fases dos testes de avaliação preliminar do projeto e das variantes das suas modificações em função do modelo atual do módulo sensor

Intensidade da mão de obra na execução da primeira fase do trabalho (o trabalho foi efectuado com dois trabalhadores a tempo inteiro, com uma intensidade total de mão de obra e um custo médio de 1 hora de trabalho para cada trabalhador = 50 USD):

- definição e formulação de requisitos técnicos iniciais para o módulo sensor; realização de uma pesquisa com uma profundidade de pelo menos 20 anos, a fim de qualificar e confirmar o grau de novidade das principais soluções técnicas exigidas nos requisitos técnicos iniciais; comparação e coordenação dos parâmetros dos requisitos técnicos iniciais com os requisitos e limitações das normas actuais (6 horas de trabalho para cada funcionário).

- definição das especificações e caraterísticas iniciais do módulo sensor; pesquisa de pelo menos 20 anos em profundidade para qualificar e confirmar o grau de novidade das principais soluções técnicas exigidas nas especificações iniciais; comparação e coordenação dos parâmetros das especificações iniciais com os requisitos e limitações das normas actuais (6 horas de trabalho para cada empregado)

- determinação das principais caraterísticas distintivas e elementos de novidade fundamental dos projectos de módulos sensores; desenvolvimento preliminar de parâmetros de estratégia de patentes e licenças para o projeto básico de módulos sensores e para todos os conjuntos e peças associados; realização de uma pesquisa com uma profundidade de pelo menos 20 anos, a fim de qualificar e confirmar o grau de novidade das principais soluções técnicas;

Qualificação e formulação dos tipos de módulos de sensores e respectivos desenhos, - como um corpo cilíndrico com uma bobina plana na extremidade de trabalho; como um corpo cilíndrico com um sensor combinado sob a forma de uma bobina plana e como uma combinação de uma bobina plana na extremidade com uma bobina padrão perpendicular à bobina plana na extremidade; como uma bobina padrão transformada num anel usado no dedo do paciente; (9 horas de trabalho para cada empregado);

- Seleção da principal invenção de base, que constitui a base para a conceção e os parâmetros de utilização do módulo sensor; Realização de uma pesquisa com uma profundidade de, pelo menos, 20 anos, a fim de qualificar e confirmar o grau de novidade das principais soluções técnicas; Preparação de documentos para a transferência da invenção e de todos os documentos internacionais para a propriedade plena da empresa - criador de tecnologia (3 horas de trabalho para cada empregado);
- Determinação das principais caraterísticas de conceção e tecnológicas do módulo sensor ;

realização de uma pesquisa aprofundada de, pelo menos, 20 anos, a fim de qualificar e confirmar o grau de novidade das principais soluções técnicas; modelação adicional da possibilidade de instalar um módulo sensor minimizado com base numa bobina plana
- microconjuntos na superfície de contacto de relógios inteligentes e telemóveis (2 horas de trabalho para cada empregado);

- Definição de instruções básicas e justificações para a ordem e metodologia do módulo sensor ;

pesquisa de pelo menos 20 anos a fim de qualificar e confirmar o grau de novidade das principais soluções técnicas, incluindo soluções originais para a aplicação das chamadas tecnologias e dispositivos inteligentes; definição e qualificação de novas direcções de implementação e utilização de várias opções de conceção do módulo de sensores para o controlo em linha de vários parâmetros em líquidos e aerossóis correntes com a utilização de elementos de inteligência artificial e redes neurais artificiais; (4 horas de trabalho para cada empregado);

- determinação das principais caraterísticas e perfis dos materiais estruturais e dos revestimentos originais utilizados nas montagens e partes do módulo sensor; desenvolvimento da técnica de revestimento da bobina plana do sensor com uma película de diamante artificial (10 mícrones de espessura); verificação e tratamento analítico dos resultados dos ensaios de revestimento da superfície da bobina plana do sensor com uma película de polietileno irradiado; realização de uma pesquisa com uma profundidade de, pelo menos, 20 anos, a fim de qualificar e confirmar o grau de novidade das principais soluções técnicas, incluindo soluções originais.

- desenvolvimento do programa e da metodologia das fases dos testes de avaliação preliminar da conceção e das variantes das suas alterações em função do modelo atual do módulo sensor; realização de uma pesquisa com uma profundidade de, pelo menos, 20 anos, a fim de qualificar e confirmar o grau de novidade das principais soluções técnicas, incluindo soluções originais para a aplicação das chamadas tecnologias e dispositivos inteligentes (3 horas de trabalho para cada funcionário).

- Elaboração dos requisitos técnicos iniciais dos equipamentos tecnológicos especiais para a execução do programa e metodologia das fases dos testes de avaliação preliminar da conceção e das variantes das suas alterações em função do modelo atual do módulo sensor; realização de uma pesquisa com uma profundidade de, pelo menos, 20 anos, a fim de qualificar e confirmar o grau de novidade das principais soluções técnicas exigidas nos requisitos técnicos iniciais dos equipamentos tecnológicos especiais e de laboratório; comparação e coordenação dos parâmetros dos requisitos técnicos iniciais dos equipamentos tecnológicos especiais e de laboratório; comparação e coordenação dos parâmetros dos requisitos técnicos iniciais dos equipamentos tecnológicos especiais e de laboratório.

- elaboração de requisitos técnicos iniciais para equipamentos especiais de controlo e análise laboratoriais para a execução do programa e metodologia das fases dos testes de avaliação preliminar da conceção e das variantes das suas alterações em função do modelo atual do módulo sensor; realização de uma pesquisa com uma profundidade de, pelo menos, 20 anos, a fim de qualificar e confirmar o grau de novidade das principais soluções técnicas exigidas nas especificações técnicas iniciais; comparação e coordenação dos parâmetros dos requisitos técnicos iniciais e das especificações técnicas iniciais.

A intensidade mínima total de mão de obra de todos os trabalhos da primeira fase, sem ter em conta as amortizações e outros encargos sociais e sem ter em conta os custos conexos de todos os tipos, era de 100 horas (uma semana de trabalho completa para cada trabalhador, o que no total corresponde a 5000 USD transferidos como adiantamento para esta fase).

Fase 1

Elaboração da documentação de conceção e tecnológica para a produção de protótipos

Termos de referência para o desenvolvimento

Harmonização da especificação técnica com o fabricante

Requisitos técnicos iniciais para o produto

Especificações do produto

Harmonização das especificações técnicas e dos requisitos técnicos com o fabricante

Desenvolvimento e coordenação de instruções tecnológicas para o fabricante

Relatório sobre a execução da segunda fase do projeto - Módulo sensor para o controlo sem contacto do nível de concentração de glicose e seus equivalentes no sangue através de métodos e dispositivos caraterísticos da espetroscopia de ressonância electromagnética.

Fase 2

Projeto preliminar

Projeto técnico

Projeto de trabalho

Desenvolvimento de modelos para máquinas CNC

Transferência da documentação para o fabricante do protótipo

Aprovação da tecnologia de fabrico e inspeção de aceitação com o fabricante

Desenvolvimento e acordo com o fabricante do programa e da metodologia dos ensaios de aceitação preliminar

ANEXO - 0 1

Metodologia para selecionar as frequências de funcionamento dos sensores

Esta metodologia descreve o primeiro passo necessário para construir um sistema de monitorização da concentração dos componentes da mistura em estudo.

Por mistura entende-se qualquer conjunto de componentes, um dos quais é predominante em volume e é considerado como o solvente condicional e os outros são considerados como componentes dissolvidos condicionais.

O conceito de solvente condicional não se limita a uma substância líquida unicomponente capaz de formar soluções com outras substâncias; pode também ser uma mistura de substâncias gasosas, líquidas ou mesmo sólidas (exemplo - composto), que pode servir de base para a formação não só de soluções, mas também de suspensões, névoas de espuma.

Por conseguinte, os componentes dissolvidos condicionais podem não só estar dissolvidos, mas também estar presentes em soluções como suspensões, colónias de bactérias, gotículas de névoa, bolhas de gás em espuma ou partículas de enchimento em compostos.

Encontrar a frequência óptima de funcionamento do sensor para construir um sistema de monitorização de misturas de um único componente.

Este sistema de monitorização pode ser utilizado em processos em que a concentração de um componente pode mudar enquanto as concentrações de outros componentes permanecem inalteradas.

Preparação de amostras para medição

Devem ser preparadas duas amostras com concentrações do componente em estudo correspondentes aos limites da gama de variação prevista para essa concentração.

Digitalização

Utilizando geradores de impulsos, analisar as amostras preparadas por frequência, utilizando toda a largura de banda do gerador de impulsos (no nosso caso: de 0,100 MHz a 170 MHz).

Durante o processo de varrimento, as leituras do gerador de impulsos são tomadas e registadas sob a forma de alterações na amplitude e na mudança de fase da corrente que flui através da amostra em relação a uma tensão de sondagem harmonicamente variável com amplitude constante estabilizada.

Análise dos resultados

De acordo com os resultados do rastreio, é necessário selecionar várias frequências em que a diferença entre as amplitudes das amostras testadas atinja os valores mais elevados e várias frequências em que a diferença nos desvios de fase atinja os valores mais elevados.

As frequências selecionadas serão os dados de entrada para a conceção do fabrico de sensores ressonantes experimentais.

Seleção do sensor ideal

A seleção de um conjunto de frequências com base nos resultados da análise de amostras utilizando um gerador de impulsos é preliminar.

Para decidir sobre a frequência de funcionamento óptima de um sistema de monitorização da concentração de um único componente, é necessário testar cada sensor de ressonância experimental, mas já não com dois, mas com pelo menos 10 amostras com diferentes concentrações do componente investigado dentro da gama esperada da sua variação.

Depois de testar todos os protótipos de sensores, pode selecionar-se o melhor, devendo dar-se preferência aos sensores que, para além de uma boa sensibilidade, tenham uma alteração monotónica das leituras em função da alteração da concentração do componente controlado (para facilitar a calibração posterior).

No entanto, as frequências mais baixas são preferíveis para imunidade ao ruído. Há também restrições de conceção a considerar ao selecionar um sensor

Procura de frequências óptimas de funcionamento dos sensores para construir um sistema de monitorização de misturas de dois componentes.

Este sistema de monitorização pode ser aplicado em processos tecnológicos em que a concentração de dois componentes pode mudar enquanto as concentrações de outros componentes permanecem inalteradas.

Preparação de amostras para medição

É necessário preparar duas amostras para cada componente investigado com concentrações correspondentes aos limites da gama de variação esperada dessas concentrações, bem como uma amostra em que esses componentes estejam completamente ausentes.

Digitalização

Utilizando um gerador de impulsos, analisar as amostras preparadas por frequência, utilizando toda a largura de banda do gerador de impulsos (no nosso caso: de 0,100 MHz a 170 MHz).

Durante o processo de varrimento, as leituras do gerador de impulsos são tomadas e registadas sob a forma de alterações na amplitude e na mudança de fase da corrente que flui através da amostra em relação a uma tensão de sondagem harmonicamente variável com amplitude constante estabilizada.

Análise dos resultados

Para cada componente investigado, de acordo com os resultados do rastreio, é necessário selecionar várias frequências em que a diferença entre as amplitudes das amostras investigadas atinge os valores mais elevados, várias frequências em que a diferença nos desvios de fase atinge os valores mais elevados e frequências (ou gamas de frequências) em que não há sensibilidade para um componente e para o outro.

Analisar as amostras de frequência resultantes.

Em função dos resultados da comparação, existem vários algoritmos possíveis para selecionar as frequências de funcionamento dos sensores.

Uma variante em que há frequências em que existe sensibilidade a apenas um componente.

Esta opção é a mais preferível para a construção de um sistema de monitorização das concentrações dos componentes investigados.

Se essas frequências existirem tanto para um componente como para o outro, a escolha das frequências de funcionamento é óbvia:

Para a criação de protótipos de sensores ressonantes, é necessário selecionar as frequências de funcionamento em que, na ausência de sensibilidade a um componente, a sensibilidade ao outro componente é maximizada.

Pelo menos uma destas frequências deve ser selecionada para cada componente.

Se essas frequências existirem apenas para um dos componentes, então, para o fabrico de protótipos de sensores ressonantes para este componente, é necessário escolher as frequências de funcionamento em que, na ausência de sensibilidade a um componente, a sensibilidade ao outro é máxima; para o outro componente, a partir do seu conjunto de frequências, é necessário escolher as frequências de funcionamento em que a diferença de sensibilidade aos componentes investigados é a maior.

Uma variante em que não há frequências em que a sensibilidade a apenas um componente esteja presente, mas as amostras de frequência resultantes não coincidem entre si.

Neste caso, para o fabrico de protótipos de sensores ressonantes, é necessário escolher, de cada conjunto de frequências, as frequências de funcionamento em que a diferença de sensibilidade aos componentes investigados é maior.

Uma variante em que as amostras de frequência obtidas são iguais umas às outras.

Esta opção é a mais difícil de construir um sistema para monitorizar as concentrações dos componentes investigados.

Se o conjunto de frequências para um componente for exatamente o mesmo que o conjunto para o outro, é necessário verificar se a proporção entre as alterações na amplitude ou no desvio de fase para um componente e as alterações na amplitude ou no desvio de fase para um componente se mantém em todas as frequências.

Se tudo corresponder, deve tentar repetir o exame utilizando outros valores de tensão de sonda.

Se não for possível obter diferenças, é provável que os componentes em estudo sejam indistinguíveis em termos de espetroscopia electromagnética eletroquímica.

No entanto, mesmo neste caso, é possível tentar produzir vários protótipos de sensores com diferentes frequências de funcionamento que correspondam à maior sensibilidade às alterações nas concentrações dos componentes investigados, uma vez que o sensor ressonante tem um efeito mais complexo (o efeito do campo magnético é adicionado) na amostra investigada do que o efeito do gerador de impulsos

Se o teste destes sensores, pelo menos numa das frequências, mostrar a presença de uma mudança de proporção na sensibilidade a mudanças nas concentrações, então existe uma possibilidade fundamental de construir um sistema para monitorizar a concentração dos componentes investigados, e a seletividade deste sistema será tanto maior quanto maior for a diferença de proporção.

Seleção dos sensores ideais

A seleção de um conjunto de frequências com base nos resultados da análise de amostras utilizando um gerador de impulsos é preliminar.

Para decidir sobre as frequências de funcionamento óptimas de um sistema de monitorização da concentração de dois componentes, é necessário testar cada sensor de ressonância experimental, mas já não com duas, mas pelo menos 10 amostras com diferentes concentrações dos componentes investigados dentro da gama esperada da sua variação.

Depois de testados todos os protótipos de sensores, pode selecionar-se o melhor par, dando-se preferência aos sensores que, para além de uma boa sensibilidade, tenham uma variação monotónica das leituras em função das alterações da concentração dos componentes monitorizados (para facilitar a calibração posterior).

Neste caso, as frequências mais baixas são as mais preferíveis do ponto de vista da imunidade às interferências.

As restrições de conceção também devem ser consideradas ao selecionar os sensores

Apêndice - 0 2

Estudos complexos da influência da distância do elemento radiante ao volume de líquido controlado na exatidão e sensibilidade das leituras do módulo sensor

Como objeto ativo de investigação são apresentadas variantes de bobinas planas sob a forma de placas de circuito impresso com uma topologia especial que simula o funcionamento de um módulo sensor instalado num cilindro móvel de Sistemas de Teste e Medição.

Nesta variante, a bobina plana é instalada no orifício da caixa do módulo de controlo e medição sem contacto com base na espetroscopia de ressonância electromagnética e, para isolamento, é separada do líquido controlado por uma membrana feita de polietileno irradiado.

Para os ensaios foram preparados 6 tipos dimensionais de membranas, e em cada tipo dimensional existem 6 tipos de perfil geométrico da secção transversal da membrana.

Após um ciclo completo de testes comparativos, a membrana mais eficaz com secção transversal retangular, espessura - 0,5 milímetros, foi determinada como sendo a mais eficaz em todos os parâmetros

Todas as outras medições e conclusões comparativas foram efectuadas na caixa do módulo com este tipo de membrana

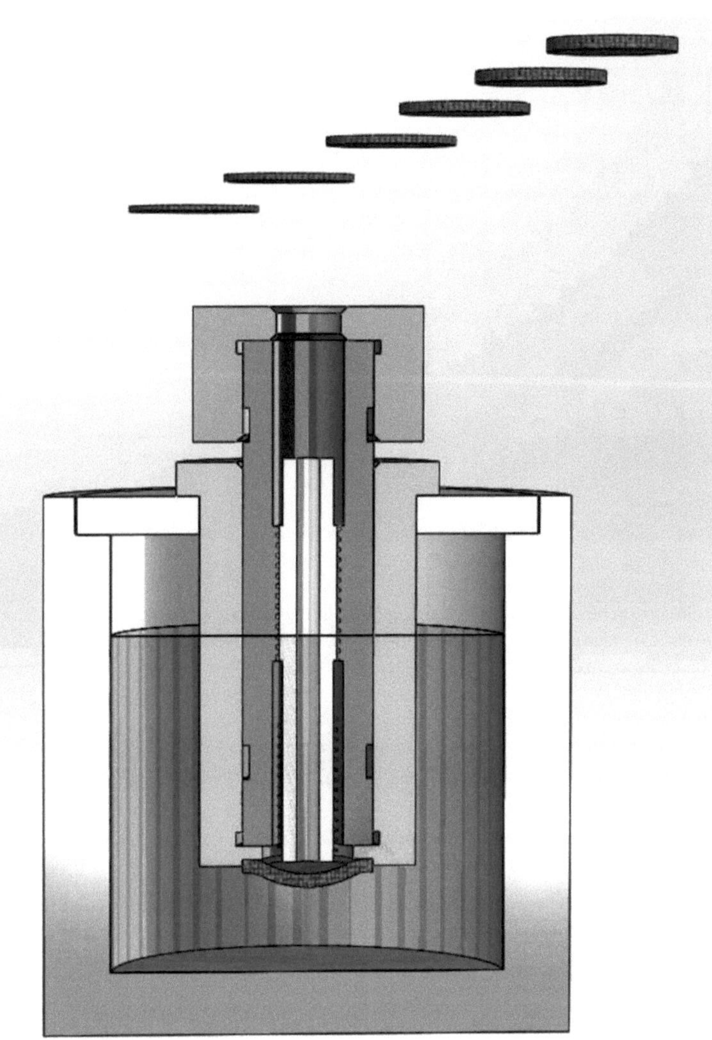

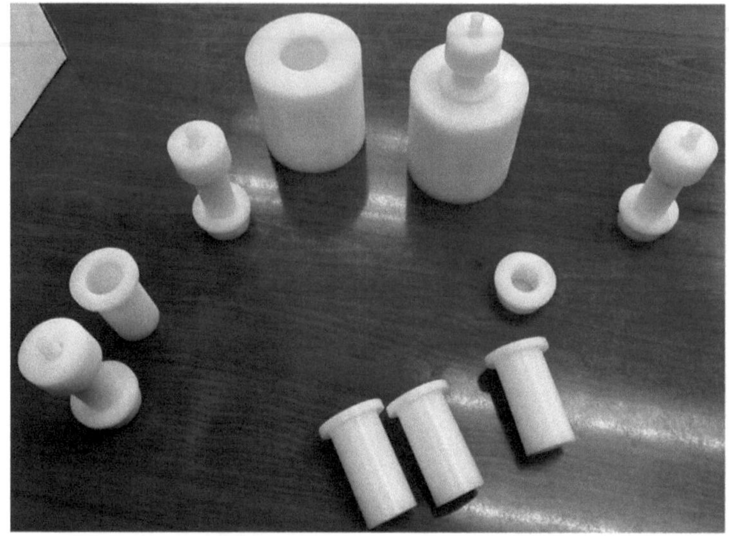

Para outras experiências, adoptamos uma solução de conceção do módulo sensor com contacto direto entre o plano da placa de circuito impresso e a bobina plana, em que a distância efectiva entre o plano do padrão topológico da placa de circuito impresso e a superfície de entrada do sinal no volume medido é igual à espessura do revestimento protetor da superfície da placa de circuito impresso - 50 microns.
O diagrama mostra a sensibilidade e precisão máximas de um sensor baseado numa bobina plana, que está separada do objeto monitorizado apenas pela espessura do revestimento protetor de 50 microns.

Como se pode ver no diagrama, o nível de saturação de energia do sinal e a reflexão ressonante do sinal são os mais intensos com este método de disposição.

Neste caso, o efeito de borda ao longo do diâmetro exterior da placa de circuito impresso - bobina plana não afecta as caraterísticas de potência dos impulsos e as suas derivadas de retorno.

No caso do fabrico da placa de circuito impresso - bobina plana pelos métodos da tecnologia RITM e obtendo a espessura da placa apenas igual a 50 microns, a influência do efeito de borda e os seus fenómenos destrutivos são reduzidos a zero.

Note-se que a distância entre a superfície radiante da bobina plana e o plano que limita o nível superior do volume a medir (no caso do presente ensaio, um líquido controlado com diferentes concentrações de teor de açúcar ou seus equivalentes) não depende do facto de essa distância ser devida a uma membrana ou de ser preenchida com ar.

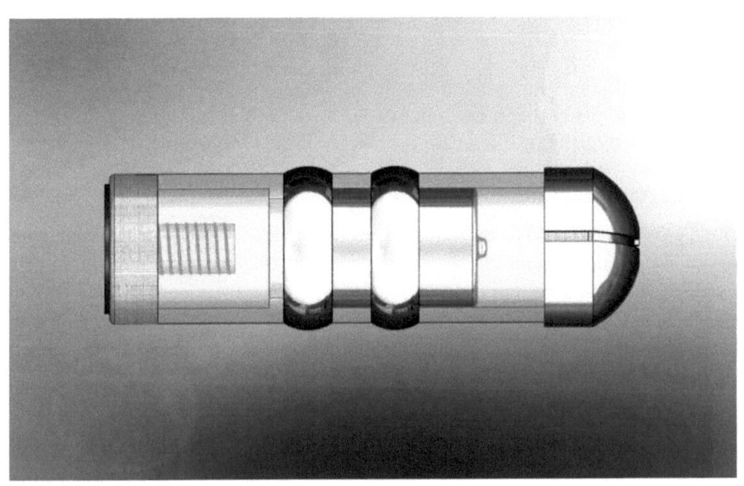

Apêndice - 03

Aplicação (exemplos) do método de ressonância electromagnética para a monitorização de processos bioquímicos relacionados com a atividade fisiológica do corpo humano que consome produtos de confeitaria inteligentes e inovadores

Princípio de funcionamento do sensor de ressonância electromagnética

O método envolve a criação de um campo eletromagnético alternado no espaço em que a amostra de ensaio é colocada. Este campo é um intermediário entre o circuito ressonante e a amostra de ensaio. Por um lado, o circuito ressonante é o emissor (radiador) deste campo e, por outro lado, o aceitador (elemento sensor) das alterações no campo eletromagnético, que são introduzidas pela amostra de ensaio.

Sob a influência de um campo eletromagnético alternado externo, podem ser induzidos na amostra de ensaio, dependendo da sua natureza, fenómenos eléctricos tais como correntes de condução lineares e de Foucault, correntes de deslocamento lineares e de Foucault, bem como correntes iónicas lineares e de Foucault (movimento ordenado de iões).

De acordo com o princípio dos campos electromagnéticos, estes fenómenos eléctricos introduzem distorções no campo eletromagnético alternado externo.

Estas distorções são detectadas pelo solenoide do sensor de ressonância electromagnética (sensor IR).

O circuito ressonante, que inclui este solenoide, altera o seu comportamento da mesma forma que se fossem acrescentados elementos adicionais: um condensador, uma indutância e uma resistência.

A soma das resistências capacitivas, indutivas e activas adicionais representa a impedância adicional introduzida no sistema pela amostra de ensaio, sendo este atributo que o sensor IR medirá.

As alterações nos parâmetros de um circuito ressonante reflectem-se em alterações na sua resposta em frequência, ou seja, a frequência ressonante e a amplitude do circuito alteram-se.

Ao examinar estas alterações, é possível avaliar a impedância da amostra em estudo.

Como se depreende da descrição acima do princípio de funcionamento do sensor de ressonância electromagnética, a resposta complexa do objeto medido pode ser aplicada em todas as aplicações em que se utilizam aparelhos de ensaio de correntes de Foucault.

Além disso, os sensores de ressonância electromagnética podem ser utilizados em todas as aplicações em que se recorre à medição da impedância de um objeto colocado entre eléctrodos, como no caso de um analisador de impedância/material por radiofrequência. A vantagem que o sensor de infravermelhos apresenta em relação aos métodos acima referidos é a maior sensibilidade (pelo menos dez vezes) proporcionada pela utilização do circuito ressonante na sua forma extremamente reduzida, ou seja, constituído apenas por uma bobina de indutância que utiliza a sua capacitância intercorrente para criar um circuito oscilante.

Aplicações de um e dois componentes

Isto inclui todas as aplicações em que é suficiente utilizar um único sensor de ressonância electromagnética que fornece dois parâmetros como indicação: frequência de ressonância e amplitude de ressonância.

Estas aplicações incluem todas as aplicações de deteção de defeitos e todas as aplicações que monitorizam as alterações de um ou dois parâmetros, tais como processos de maquinagem química e mecânica e processos de película e revestimento, determinação do teor de humidade de um objeto, determinação da salinidade da água, etc.

Criação de um sistema analítico

Para aplicações em que é necessário medir e/ou monitorizar alterações em sistemas complexos e multicomponentes, torna-se necessário construir um sistema analítico constituído por vários sensores, cada um a funcionar com a sua própria frequência de funcionamento.

Os dados iniciais para a construção desse sistema utilizado para a análise química e/ou física do objeto investigado são os espectros obtidos por métodos de espetroscopia electromagnética eletroquímica (EIS) e/ou espetroscopia de relaxação dieléctrica (DRS) no equipamento de medição utilizado por estes métodos: analisadores de impedância/material de radiofrequência, geradores de impulsos, etc.

As amostras de referência do objeto investigado com uma variação conhecida dos componentes químicos ou com uma variação conhecida das propriedades físicas do objeto são utilizadas para construir espectros.

A exatidão das medições com o sistema analítico de ressonância electromagnética dependerá da medida em que estas amostras de referência cubram totalmente todos os estados possíveis do objeto em estudo.

Em seguida, utilizando a abordagem quimiométrica*, as frequências de funcionamento dos sensores de ressonância electromagnética incluídos no sistema analítico são determinadas com base nos espectros obtidos.

O número de sensores no sistema deve ser maior ou igual ao número de componentes a analisar.

Os principais critérios para a seleção da frequência de funcionamento são a variação máxima da impedância em função da variação da concentração do componente ou da propriedade física em estudo e o contraste desta resposta com as variações de outros componentes ou propriedades físicas.

LISTA DE REFERÊNCIAS, INFORMAÇÕES SOBRE PATENTES E LICENÇAS

ANEXO 3

Pedido de Patente dos Estados Unidos **20180115003**
Tipo de código **A1**
REYTIER; Magali ; et al. **26 de abril de 2018**

SISTEMA BASEADO EM SOFC PARA PRODUÇÃO DE ELECTRICIDADE COM CIRCULAÇÃO EM CIRCUITO FECHADO DE ESPÉCIES CARBONATADAS

Resumo

Um sistema reversível baseado em SOFC para a produção de eletricidade, incluindo uma pilha *de células de combustível de óxido sólido* (SOFC) que contenha pelo menos uma célula eletroquímica elementar de óxido sólido, cada uma das quais formada por um cátodo, um ânodo e um eletrólito intermédio entre o cátodo e o ânodo; um separador das fases líquida e gasosa, estando este separador ligado à saída da pilha *de células de combustível* um reator de metanação adequado para a realização de uma reação de metanação, cuja entrada está ligada à saída do separador de fases e cuja saída está ligada à entrada da pilha ***de células de combustível***, de modo a que a mistura emitida pelo reator de metanação seja introduzida na pilha ***de células de combustível***; e um reservatório para armazenamento reversível de hidrogénio, adequado para armazenar hidrogénio, cuja saída está ligada à entrada do reator de metanação.

APÊNDICE 4

Pedido de Patente dos Estados Unidos **20180202383**
Tipo de código **A1**
Alrefaai; Kutaiba ; et al. **19 de julho de 2018**

MÉTODOS E SISTEMA PARA INJECÇÃO CENTRAL DE COMBUSTÍVEL

Resumo

São fornecidos métodos e sistemas para potenciar o efeito de arrefecimento da carga de uma injeção de ***combustível*** no coletor. O efeito de arrefecimento da carga de uma injeção de ***combustível*** no coletor programada pode ser previsto com base no feedback recebido de um sensor de temperatura da carga do coletor durante um evento de injeção do coletor anterior. Se não for previsto um arrefecimento suficiente da carga, a injeção de ***combustível do coletor*** é temporariamente desactivada.

APÊNDICE 5

Pedido de patente dos Estados Unidos **20180266377**
Tipo de código **A1**
NOGUCHI; Koji **20 de setembro de 2018**

PLACA DE BICO PARA DISPOSITIVO DE INJECÇÃO DE COMBUSTÍVEL

Resumo

Um orifício de bocal de uma placa de bocal é acoplado a uma porta de injeção de combustível de um dispositivo de injeção de ***combustível*** através de uma câmara de turbilhão e de um primeiro e segundo canais de guia ***de combustível*** abertos na câmara de turbilhão. A câmara de turbulência é formada pela combinação de uma primeira e segunda porções rebaixadas de forma elíptica. O primeiro canal de condução ***do combustível*** abre-se num lado do eixo curto da primeira porção elíptica e num lado do eixo curto que não se sobrepõe à segunda porção elíptica, e o segundo canal de condução ***do combustível*** abre-se num lado do eixo curto da segunda porção elíptica e num lado do eixo curto que não se sobrepõe à primeira porção elíptica. O primeiro e o segundo canais de guia de combustível têm profundidades superiores às da câmara de turbulência e estendem-se no interior da câmara de turbulência, reduzindo gradualmente as áreas da secção transversal.

ANEXO 6

Pedido de patente dos Estados Unidos **20180274786**
Tipo de código **A1**
BAYA TODA; Hubert ; et al. **27 de setembro de 2018**

CÂMARA DE COMBUSTÃO DE UMA TURBINA, EM ESPECIAL UMA TURBINA DE CICLO TERMODINÂMICO COM RECUPERADOR, PARA PRODUZIR ENERGIA, EM ESPECIAL ENERGIA ELÉCTRICA

Resumo

Uma câmara de combustão (18) de uma turbina de ciclo termodinâmico com recuperador, para produção de energia eléctrica, compreendendo um invólucro (56) que aloja um tubo de chama (64) com um difusor perfurado para passagem do ar comprimido quente, uma zona primária (ZP) que recebe parte do caudal de ar comprimido quente e onde ocorre a combustão, e uma zona de diluição (ZD) onde os gases queimados da zona primária se misturam com a parte restante do caudal de ar comprimido quente, compreendendo ainda a referida câmara um meio de injeção (76) para injetar pelo menos um ***combustível.*** O tubo de chama transporta um estabilizador de chama (82) que inclui um difusor perfurado (88), pelo menos uma passagem de recirculação dos gases de combustão (98) e um tubo ***de mistura*** (94).

ANEXO 7

Pedido de patente dos Estados Unidos **20180320625**
Tipo de código **A1**
Surnilla ; Gopichandra ; et al. **8 de novembro de 2018**

MÉTODOS E SISTEMA PARA INJECÇÃO CENTRAL DE COMBUSTÍVEL

Resumo

São fornecidos métodos e sistemas para ajustar as condições de funcionamento do motor para mitigar a pré-ignição num ou mais cilindros do motor. Num exemplo, um método pode incluir, em resposta à indicação de pré-ignição, o arrefecimento da carga do coletor pode ser aumentado através do aumento da porção de ***combustível*** fornecida ao motor através da injeção do coletor em relação à porção ***de combustível*** fornecida através de uma ou mais portas e injeção direta, mantendo o funcionamento do motor a uma relação ***ar/combustível*** estequiométrica ou próxima desta.

ANEXO 8

Pedido de patente dos Estados Unidos **20180328315**
Tipo de código **A1**
TANIEL; Roman **15 de novembro de 2018**

SISTEMA DE EMULSIFICAÇÃO E PROCESSO DE EMULSIFICAÇÃO

Resumo

Propõe-se um sistema de emulsão com um dispositivo de emulsão e um bico de injeção, bem como um dispositivo de emulsão para a produção de uma emulsão ***água-combustível*** para um motor de combustão interna, em que o dispositivo de emulsão é constituído por um dispositivo de emulsão rotor-estator e/ou uma máquina de fluxo de fluido e/ou está ligado ou pode ser ligado diretamente a um bico de injeção. O dispositivo emulsionador tem uma carcaça e um veio, sendo o veio acionável sem contacto, a carcaça tem um aparelho de guia com uma pluralidade de canais de guia para orientar o fluxo e/ou a carcaça é feita, pelo menos parcialmente, de material compósito de fibras. Além disso, é proposto um método de emulsificação para produzir uma emulsão ***água-combustível*** em que a água e ***o combustível*** são alimentados a um dispositivo de emulsificação rotor-estator e/ou a uma máquina de fluxo de fluido para produzir a emulsão ***água-combustível***, e/ou em que a água e o ***combustível*** são pré-misturados numa primeira fase de emulsificação e alimentados através de um aparelho de guia com uma pluralidade de canais de guia para uma segunda fase de emulsão.

ANEXO 9

Pedido de patente dos Estados Unidos **20180334968**
Tipo de código **A1**
Shirahashi; Naotoshi ; et al. **22 de novembro de 2018**

MÉTODO E DISPOSITIVO PARA CONTROLAR A INJECÇÃO DE COMBUSTÍVEL DO MOTOR DIESEL

Resumo

É fornecido um método de controlo de uma injeção de combustível de um motor diesel para realizar uma pluralidade de injecções ***de combustível*** para causar uma pluralidade de combustões dentro de um cilindro num ciclo de combustão, que inclui a aquisição de uma concentração de oxigénio dentro do cilindro, realizando, no curso de compressão, a pluralidade de injecções ***de combustível*** a intervalos de injeção substancialmente regulares, aumentando os intervalos de injeção à medida que a concentração de oxigénio diminui, e a realização, após a pluralidade de injecções ***de combustível***, de outra injeção ***de combustível*** incluindo uma quantidade de injeção maior do que na pluralidade de injecções ***de combustível***, perto de um ponto morto superior do curso de compressão.

ANEXO 10

Pedido de patente dos Estados Unidos **20180340486**
Tipo de código **A1**
Marmorini; Luca **29 de novembro de 2018**

MÉTODO DE CONTROLO DA COMBUSTÃO DE UM MOTOR DE COMBUSTÃO INTERNA DE IGNIÇÃO POR COMPRESSÃO COM CONTROLO DA REACTIVIDADE ATRAVÉS DA TEMPERATURA DE INJECÇÃO

Resumo

Método para controlar a combustão de um motor de ignição por compressão com controlo da reatividade através da temperatura de injeção; o método de controlo prevê as etapas de: estabelecer uma quantidade ***de combustível*** a injetar num cilindro; injetar uma primeira fração da quantidade de ***combustível*** alimentada por um primeiro sistema de alimentação sem dispositivos activos de aquecimento, de preferência igual a pelo menos 70% da quantidade de

combustível, pelo menos parcialmente durante o curso de admissão e/ou compressão; injetar uma segunda fração da quantidade de ***combustível*** alimentada por um segundo sistema de alimentação dotado de pelo menos um dispositivo ativo de aquecimento, e igual à fração restante da quantidade de ***combustível,*** no cilindro no final do curso de compressão e de preferência a não mais de 60.graus. do ponto morto superior; e aquecer a segunda fração da quantidade de ***combustível*** a uma temperatura de injeção superior a 100.°C. C., antes de injetar a segunda fração da quantidade de ***combustível.***

ANEXO 11

Pedido de patente dos Estados Unidos **20190195183**
Tipo de código **A1**
HASHIZUME; Takeshi **27 de junho de 2019**

MOTOR DE COMBUSTÃO INTERNA

Resumo

Um motor de combustão interna inclui um bocal de injeção de combustível no qual um orifício que injecta ***combustível*** é fornecido para ser exposto a uma câmara de combustão a partir de uma cabeça de cilindro do motor de combustão interna, e uma conduta oca na qual uma entrada e uma saída são expostas à câmara de combustão. A conduta é concebida para penetrar no interior da cabeça do cilindro, de modo a que a pulverização de ***combustível*** injetado a partir do orifício do bico de injeção passe da entrada para a saída. A conduta está preferencialmente configurada de modo a que a direção da entrada para a saída corresponda à direção da pulverização de combustível injetado a partir do orifício do bico.

ANEXO 12

Pedido de patente dos Estados Unidos **20200011236**
Tipo de código **A1**
TANNO; Shiro ; et al. **9 de janeiro de 2020**

MOTOR DE COMBUSTÃO INTERNA DE IGNIÇÃO POR COMPRESSÃO

Resumo

Um motor de combustão interna de ignição por compressão que inclui um bico de injeção de ***combustível*** com uma parte da extremidade exposta numa câmara de combustão e um orifício formado na parte da extremidade; e um elemento formador de passagem que forma uma passagem de guia de fluxo através da qual passa ***o combustível*** injetado a partir do orifício do bico. O elemento formador de passagem inclui uma porção de parede de passagem localizada radialmente para fora da passagem de guia de fluxo. A porção da parede de passagem inclui uma primeira camada que é uma porção de base ligada a uma cabeça de cilindro, e uma segunda camada localizada radialmente para fora ou radialmente para dentro da primeira camada. A tenacidade da primeira camada é superior à tenacidade da segunda camada. A condutividade térmica da segunda camada é inferior à condutividade térmica da primeira camada.

ANEXO 13

Pedido de patente dos Estados Unidos	**20190323415**
Tipo de código	**A1**
CORRIGAN; Daire James ; et al.	**24 de outubro de 2019**

MOTOR DE COMBUSTÃO INTERNA DE ELEVADO DESEMPENHO COM MELHOR GESTÃO DAS EMISSÕES E MÉTODO DE CONTROLO DESSE MOTOR

Resumo

Um motor de combustão interna que compreende: pelo menos um cilindro; pelo menos uma válvula de admissão que actua num orifício de admissão para controlar o fluxo de ar que entra no cilindro; pelo menos um injetor para fornecer ***combustível*** não queimado ao cilindro; pelo menos uma válvula de saída que actua num respetivo orifício de saída para controlar o fluxo dos gases de escape à saída do cilindro; um pistão que desliza de forma linear dentro do cilindro pelo menos uma primeira vela de ignição disposta numa posição adjacente ao injetor e actuando na câmara de combustão; uma pré-câmara que comunica com a câmara de combustão; e uma segunda vela de ignição actuando na pré-câmara; a primeira vela de ignição está disposta numa posição intermédia entre a pré-câmara e o injetor.

ANEXO 14

Pedido de Patente dos Estados Unidos **20190277185**
Tipo de código **A1**
HASHIZUME; Takeshi **12 de setembro de 2019**

MOTOR DE COMBUSTÃO INTERNA

Resumo

Um motor de combustão interna inclui um bocal de injeção de combustível com um orifício para injetar ***combustível,*** o orifício exposto a partir de uma cabeça de cilindro do motor de combustão interna para uma câmara de combustão, e uma conduta oca, uma entrada e uma saída que estão expostas à câmara de combustão. A conduta é fornecida de modo a permitir que a pulverização de ***combustível*** injetado a partir do orifício do bico de injeção de ***combustível*** passe da entrada para a saída. O bico de injeção de combustível e a conduta estão configurados de modo a que uma parte ***da pulverização*** de ***combustível*** injectada na injeção piloto que é realizada antes da injeção principal adira diretamente a uma superfície da parede interior da conduta.

ANEXO 15

Pedido de patente dos Estados Unidos **20200172822**
Tipo de código **A1**
Asmatulu; Ramazan ; et al. **4 de junho de 2020**

NANOEMULSÃO DE ÁGUA EM COMBUSTÍVEL E MÉTODO DE FABRICO DA MESMA

Resumo

É divulgado um método de produção de uma nanoemulsão que fornece um ***combustível*** de base oleaginosa e água numa quantidade de pelo menos 10 wt %. Um primeiro tensioativo não iónico, um segundo tensioativo não iónico e um terceiro tensioativo não iónico são misturados em proporções ponderais substancialmente iguais numa mistura de tensioactivos. A mistura tensioactiva é misturada com a água e o ***combustível*** de base para formar o ***combustível*** em nanoemulsão. Uma composição de ***combustível*** em nanoemulsão pode incluir uma fase oleaginosa externa constituída por ***combustível*** de base, uma fase aquosa interna constituída por água e uma mistura de tensioactivos constituída por uma pluralidade de tensioactivos. O primeiro tensioativo pode ser derivado do óxido de etileno, o segundo tensioativo e o terceiro tensioativo são detergentes com um ácido gordo.

ANEXO 16

Pedido de patente dos Estados Unidos **20200182466**
Tipo de código **A1**
Sadasivuni; Suresh **11 de junho de 2020**

CONJUNTO DO QUEIMADOR PILOTO COM ALIMENTAÇÃO DE AR PILOTO

Resumo

Um conjunto de queimador piloto para um volume de combustão num motor de turbina a gás inclui um queimador piloto, uma linha de fornecimento de ***combustível*** piloto e uma linha de fornecimento de ar piloto. O queimador piloto tem uma face de queimador que inclui uma pluralidade de orifícios de injeção de combustível piloto. Os orifícios de injeção de combustível piloto fornecem um ***combustível piloto*** ao volume de combustão. A linha de alimentação de combustível piloto está ligada de forma fluida aos orifícios de injeção de combustível piloto para fornecer o combustível piloto aos orifícios de injeção de combustível piloto. A linha de alimentação de ar-piloto fornece um ar-piloto ao queimador-piloto. O ar-piloto é fornecido ao volume de combustão através da face do queimador. Os orifícios de injeção de ar-piloto estão localizados na face do queimador e ligados de forma fluida à linha de alimentação de ar-piloto. Os orifícios de injeção de ar piloto injectam o ar piloto no volume de combustão. Uma turbina a gás tem o conjunto do queimador piloto.

ANEXO 17

Pedido de patente dos Estados Unidos **20200200118**
Tipo de código **A1**
Matsuo; Takeru ; et al. **25 de junho de 2020**

DISPOSITIVO DE CONTROLO PARA MOTOR DE IGNIÇÃO POR COMPRESSÃO

Resumo

É fornecido um dispositivo de controlo para um motor de ignição por compressão, que faz com que um injetor execute uma pré-injeção e uma injeção principal, define os tempos de injeção ***de combustível*** destas injecções de modo a que um intervalo entre um primeiro pico de uma taxa de libertação de calor resultante da combustão ***do combustível injetado*** pela pré-injeção e um segundo pico da taxa de libertação de calor resultante da combustão ***do combustível*** injetado pela injeção principal se torne um intervalo para fazer com que as ondas de pressão causadas por estas combustões se cancelem mutuamente, e, quando é detectado um aumento da temperatura do ar de admissão, controla o injetor para reduzir a quantidade de injeção da pré-injeção e retardar o tempo de injeção da pré-injeção, em comparação com um caso em que o aumento da temperatura do ar de admissão não é detectado, numa condição em que a carga e a velocidade do motor são as mesmas.

ANEXO 18

Processo de transformação de ovos de galinha sem resíduos.

Todo o equipamento é de aço inoxidável, vidro e esmalte.

A condição prévia para um processo de qualidade é a existência de ovos frescos, a limpeza e o controlo cuidadoso da temperatura em todas as fases do processo.

1. Produção de ovo em pó.

a)Preparação dos ovos para o processo.

Os ovos para produção vêm arrefecidos (a 5-10 C) do armazém. São pesados. Os ovos contaminados são lavados a ~32 C (lavagem e higienização) e só depois vão para a máquina de quebrar. Os ovos estragados são eliminados (verificação por inspeção).

***É extremamente importante controlar a pureza microbiológica dos ovos!

b)Separação do conteúdo do ovo e da casca.

Os ovos são partidos com máquinas de partir e separar.

in)A casca é transferida para uma centrifugadora onde o resíduo líquido do ovo é separado da casca. As cascas na centrífuga são cuidadosamente lavadas, transferidas para um secador e depois moídas num moinho. 3 O pó de casca de ovo (~94% CaCO) é utilizado como suplemento mineral em alimentos para aves e gado. O pó de casca de ovo tem um teor de humidade de ~1%.

d)Os ovos líquidos obtidos nas fases b) e c) são combinados, filtrados e transferidos para um recipiente especial onde são arrefecidos a 4 C e misturados lentamente.

e)Na fase b), podem obter-se tanto a mistura de ovos (gema + clara) como a clara e a gema separadas.

***** Para a produção de clara de ovo, a separação efectiva da clara da gema é extremamente importante. A gema não deve "contaminar" a clara.**

Os aparelhos modernos permitem a produção de proteínas que não contêm mais de 0,02% de gema.

e)Pasteurização.

A partir do tanque de armazenagem (fase d), a mistura de ovos/ clara de ovo/ gema de ovo é transferida por bomba para o aquecedor turbulento para pasteurização.

A pasteurização é efectuada a 64-66 C durante 2-4 min. Isto assegura a desativação da maioria dos micróbios, como a E. coli e a Salmonella.

É possível pasteurizar a mistura líquida de ovos/clara de ovo com peróxido de hidrogénio a uma temperatura reduzida de 7 -13 C para evitar possíveis alterações na composição da mistura de ovos/clara de ovo devido à temperatura. Adiciona-se lentamente, com agitação contínua, cerca de 1,3 litros de peróxido de hidrogénio a 35% por 1 tonelada de mistura líquida de ovos. Após um tempo de permanência de

20 minutos, adiciona-se 100-150 ml de enzima catalase (C641L) ao reator para remover qualquer peróxido de hidrogénio residual.
Para a pasteurização da clara de ovo, o peróxido de hidrogénio é injetado a um ritmo de 3 ml/min durante 10-16 horas.
w)Secagem por pulverização.

O produto líquido quente da fase de pasteurização é bombeado da fase de pasteurização para um tanque, a partir do qual é bombeado por uma bomba de alta pressão para o secador por pulverização sob a forma de uma névoa. A temperatura do ar de entrada varia entre +150-+200 C e a temperatura do ar de saída é de +55-+65 C. O pó resultante deposita-se no secador. O pó resultante deposita-se nas paredes cónicas do secador e é recolhido na parte inferior do secador. Depois de arrefecer até à temperatura ambiente, o pó é embalado. O produto seco tem um teor de humidade de 2-4% e uma densidade de 0,3-0,35 g/cm3.

Reduzir o teor de açúcar do ovo em pó/branco.

O ovo em pó e as claras de ovo mudam a sua cor para uma cor acastanhada quando pasteurizados e secos. Isto deve-se a uma reação entre a glucose e a proteína a temperaturas elevadas - a reação de Maillard.

A enzima glucose oxidase (G168L) 100-150 ml por 1 tonelada de produto líquido é recomendada para reduzir o teor de açúcar do ovo em pó/branco. O sistema enzimático/coenzimático - Glucose oxidase/Catalase converte eficazmente a glucose do ovo (papa ou clara de ovo) em ácido (ácido glucónico).

A purificação do açúcar da clara de ovo por Propionibacterium shermanii (+37 C, 24 horas) resulta na remoção completa da glucose, que é a maior parte dos hidratos de carbono proteicos, no enriquecimento da clara de ovo com vitamina B12 e no agente conservante propionato.

A pré-fermentação da matéria-prima líquida do ovo com levedura de padeiro pode ser utilizada para reduzir significativamente o teor de açúcar do ovo em pó/da clara de ovo. O teor de glucose da clara de ovo é drasticamente reduzido na presença de 0,1% de Saccharomyces cerevisiae, um extrato de levedura de padeiro.

A fermentação de ovos inteiros na presença de 0,2-0,4% de levedura de padeiro húmida a 22-23 C demora 2-4 horas. A centrifugação do líquido sem açúcar remove as células de levedura e melhora o odor do produto. A acidificação da mistura de ovos a um pH inferior a 6,0 aumenta a taxa de fermentação. Temperatura óptima de fermentação +30 C, 0,07-0,15% de levedura e tempo de fermentação 2-3 horas.

O que é que sobra depois da produção do ovo em pó? - Água e cascas de ovo.

O ovo em pó é uma alternativa aos ovos frescos, tanto em termos de facilidade de utilização como de armazenamento. O pó é misturado com água para produzir ovos líquidos, que podem depois ser utilizados como ovos frescos. A partir de 1 kg de ovo em pó, podem ser preparados 4 kg de ovos líquidos.
O ovo em pó pode ser utilizado na maioria dos pratos de ovos ou em receitas que exijam a utilização de ovos.
O ovo em pó pode ser utilizado em mistura com outros pós de origem orgânica e inorgânica.

A refinação do ovo em pó implica, em primeiro lugar, a sua transformação em solução e, após o processo de refinação, uma nova secagem, o que não é aconselhável, tanto do ponto de vista económico como do ponto de vista da possibilidade adicional de perder parte da qualidade e da quantidade do produto. É muito mais eficiente efetuar a purificação (do açúcar - glucose) mesmo antes da secagem por pulverização.

2. Produção de manteiga de ovo.

O processo envolve a utilização de solventes orgânicos voláteis, pelo que todo o equipamento e comunicações devem ser feitos de materiais quimicamente resistentes (aço inoxidável, esmalte, vidro) e o equipamento deve ser à prova de explosão e à prova de fogo.

Equipamento

Este processo utiliza:

1. Dois reactores com agitadores R1 e R2
2. Três contentores para três solventes E1, E2 e E3 e quatro contentores para recolha e armazenamento de produtos acabados
3. Três condensadores
4. Centrifugadora de fluxo contínuo
5. Quatro evaporadores I1, I2, I3 e I4
6. Evaporador rotativo de vácuo
7. Três tanques intermédios para três solventes secundários S1, S2 e S3
8. Sistema de secagem por solventes
9. Bombas para bombear solventes, extractos e produtos
10. Sistema de enchimento e embalagem de produtos
11. Frigoríficos para armazenamento de óleo de ovo e lecitina

Os locais de produção e de armazenamento devem ser ventilados e cumprir as normas aplicáveis à produção alimentar.

DESCRIÇÃO DO PROCESSO

O processo de separação do conteúdo dos ovos nos seus componentes individuais é uma série de processos periódicos e sequenciais de extração de substâncias, filtração/centrifugação de soluções e evaporação de solventes, realizados em recipientes fechados. A extração é efectuada sob agitação constante. Os solventes evaporados são condensados em recipientes separados e reutilizados no processo. $_2$Com o tempo, a água acumula-se nos solventes e estes são então secos com adsorventes adequados, por exemplo, óxido de alumínio granulado ou CaC1 .

Processo 1. Separação do óleo de ovo do ovo em pó.

No reator R1 (V=1m3) que contém o solvente S1 - CH2CI2 - di-cloro metano (500 litros) a uma temperatura de 20°C, com agitação constante através da escotilha superior, são carregados 250 kg de ovo em pó. O conteúdo do reator é agitado durante 1 hora, após o que, por meio de uma bomba submersível com uma ponta de filtro, a solução de óleo de ovo no solvente S1 de R1 é primeiro alimentada a uma centrífuga de fluxo (para remover os restos de ovo em pó, apanhados na solução), e depois - ao evaporador de vácuo I1. Aqui o óleo de ovo é separado. O óleo de ovo é recolhido no fundo do evaporador e drenado para um recipiente separado E4.

O solvente do evaporador de vácuo I1 é primeiro condensado no recipiente intermédio ES1 e depois bombeado para o seu recipiente original E1 para posterior reutilização no processo.

Adiciona-se uma nova porção de solvente S1 à massa de pó húmido restante no reator R1 e repete-se o processo mais duas vezes. O resíduo de pó no reator R1 é combinado com o precipitado recolhido na centrífuga, lavado novamente com o solvente S1 e esta suspensão é introduzida na centrífuga sob agitação. A solução de saída é enviada para o evaporador de vácuo I1 para extrair uma porção adicional de óleo de ovo. O óleo de ovo flui para o recipiente E4 e o solvente para o recipiente intermédio ES1, sendo depois bombeado para o seu recipiente original E1.

Dependendo do teor de gordura do ovo em pó original (39-40%), até 100 kg de óleo de ovo podem ser praticamente quantificados (mais de 95%) a partir de 250 kg.

O óleo de ovo é um líquido oleoso límpido, amarelo/amarelo-vermelho, com um odor caraterístico a ovo.

A principal caraterística desta tecnologia é a utilização de um solvente que não se mistura com a água, no qual os agentes patogénicos não se podem desenvolver e no qual a albumina é absolutamente insolúvel.

O que é que sobra depois da produção da manteiga de ovo? Albumina. E o solvente é devolvido ao processo após a secagem.

O óleo de ovo é utilizado na produção de champôs como um aditivo nutritivo para fortalecer o cabelo.

O óleo **de ovo**, tal como o óleo vegetal, tem uma compatibilidade limitada com líquidos gordurosos. Não foi encontrada na literatura/internet qualquer informação sobre a compatibilidade do óleo de ovo com pós.

Não é necessário **refinar a manteiga de ovo.**

3. Produção de albumina.

Processo 2.

Após a separação (extração) do óleo de ovo do ovo em pó (**processo 1**), resta a clara de ovo pura. 22Esta é seca sob vácuo do solvente residual CH C1 e, após pasteurização adicional, é embalada em recipientes hermeticamente fechados.

A albumina seca é um produto estável. Mistura-se sob agitação vigorosa com líquidos gordurosos e contendo água.
A albumina é misturada com pós de origem orgânica e inorgânica. **A albumina pode ser refinada** após o fabrico, convertendo-a em água.

4. Produção de L-a-lecitina.

A matéria-prima para esta fase é o óleo de ovo obtido no **processo 1**.

O óleo de ovo (100 kg) é introduzido no reator R2 (V=0,6 m3) por bomba a partir de E1. Aqui também o solvente S2 - acetona (400l) é alimentado a partir do recipiente E2 sob agitação intensa constante. Cai um precipitado colorido semelhante a uma cera. Após 1 hora, a solução superior transparente de cor amarela clara é bombeada para o evaporador de vácuo I2, onde o óleo de ovo sem lecitina é separado do solvente S2. Este óleo de ovo (~85 kg) da parte inferior do evaporador de vácuo I2 é drenado para um recipiente separado E5, e o solvente S2 evaporado é condensado e recolhido no recipiente intermédio ES2. O solvente S2 é então bombeado de volta para o seu recipiente original E2 e reutilizado no processo.

Ao precipitado (massa cerosa vermelho-acastanhada) que permanece no reator R2 (lavado duas vezes em 50 l com o solvente S2 - acetona), alimenta-se o solvente S3 - etanol (50 l) a partir do recipiente E3, sob agitação constante. A solução transparente amarela de L-a-lecitina obtida é bombeada para o evaporador de vácuo I3, onde a L-a-lecitina é separada. O solvente S3 expelido é condensado e recolhido no recipiente intermédio ES3. O solvente S3 é então bombeado para o seu recipiente original E3 e reutilizado neste processo. A L - a -lecitina do evaporador I3, após a remoção do solvente residual S3, é recolhida no recipiente E6 e rapidamente vertida a +40 C numa corrente de gás inerte (azoto, árgon) para recipientes hermeticamente fechados.

Conservar apenas no frigorífico!

A L- a -lecitina pode ser convertida em pó por extração repetida de resíduos de óleo de ovo com acetona (consumo total de acetona até 15l por 1kg de produto puro).

Um método mais eficaz consiste em utilizar uma mistura de dois solventes - hexano/acetona na proporção de 50 ml de hexano e 75 ml de acetona por 100 g de lecitina. Neste caso, formam-se duas fases - a fase superior, mais leve, contém lecitina, e a fase inferior, mais pesada, contém fosfatídeos - resíduos de óleo de ovo.

$_2$É possível desmascarar a L- a -lecitina por extração com CO supercrítico.

A purificação da L- a -lecitina por ultrafiltração de uma solução de hexano através de um ultrafiltro com uma largura de poro correspondente a moléculas com uma massa molar de aproximadamente 10.000 foi descrita na literatura. A solução que passa através do filtro está quase completamente isenta de fosfatidos.

A L- a -lecitina é um bom emulsionante, tem propriedades estabilizadoras e dispersantes e pode ser misturada com líquidos gordurosos.

5. Produção de lisozima.

A matéria-prima inicial para a extração da lisozima é a clara de ovo nativa original. 1 litro de clara de ovo líquida contém cerca de 3 g de lisozima.

Um método descrito na literatura apresenta a cristalização direta da lisozima a partir da clara de ovo líquida original na presença de 5% de NaCl.

Verificou-se que, em clara de ovo filtrada e homogeneizada a 4 C, pH=9,5 (ajustado com KOH 1N) e adição de NaCl a 5%, se formam cristais de lisozima com um rendimento de 60-80% quando em repouso durante 3-4 dias. A adição de uma pequena quantidade de cristais de lisozima ajuda a iniciar o processo. O produto cristalino obtido é dissolvido em ácido acético fraco (pH=4 -6) e todos os produtos insolúveis são removidos por centrifugação. O produto solúvel é recristalizado após a adição de NaCl a 5% e o ajuste do pH para 9,5 - 11,0. A recristalização também pode ser rapidamente completada pela adição de bicarbonato de sódio a 5% (pH=8,0-8,5) à solução ácida.

A secagem liofílica completa o processo.

A solubilidade da lisozima em água é de 10g/ml.

O produto pode ser armazenado a -20 C sem perda de atividade durante pelo menos 4 anos.

6. Produção de multivitaminas a partir de ovos.

No reator R2, após a remoção da solução de álcool de lecitina, permanece uma massa viscosa castanha-avermelhada - uma mistura de multivitaminas. Esta é suspensa em 10 litros de hexano (éter de petróleo com um ponto de ebulição de 40-60 C) e bombeada ou drenada através da escotilha inferior do reator para um evaporador de vácuo. A mistura de multivitaminas sem solventes é acondicionada em recipientes hermeticamente fechados.

Printed by Books on Demand GmbH, Norderstedt / Germany